Ⅲ\ 见识城邦

更新知识地图　拓展认知边界

复调世界

《信睿周报》编辑部

中信出版集团 | 北京

POLYPHONIC WORLD

图书在版编目（CIP）数据

复调世界 /《信睿周报》编辑部编著 . -- 北京：
中信出版社 , 2023.4
ISBN 978-7-5217-5496-4

I. ①复… Ⅱ . ①信… Ⅲ . ①人类学－文集 Ⅳ .
① Q98-53

中国国家版本馆 CIP 数据核字 (2023) 第 046273 号

复调世界
编著：　《信睿周报》编辑部
出版发行：中信出版集团股份有限公司
　　　　　（北京市朝阳区东三环北路 27 号嘉铭中心　邮编　100020）
承印者：　鸿博昊天科技有限公司

开本：880mm×1230mm　1/32　　印张：11　　　字数：180 千字
版次：2023 年 4 月第 1 版　　　　印次：2023 年 4 月第 1 次印刷
书号：ISBN 978-7-5217-5496-4
　　　　　　　　　　定价：68.00 元

目 录

第二篇　重新连接

第三篇　在世界中

第四篇　经历未来

多样性是唯一的真理

罗新（北京大学历史学系）

先引哲学家黄裕生的一段话："哲学不是用来统一思想、统一世界的。相反，好的哲学，或者说真正运行在其自由本质之中的哲学，恰是一种呈现差异、引致差异的运动。所以，在哲学领域里，最坏的学派是没有分歧与叛逆的学派，最糟的老师是只有点赞的学生的老师，最差的学生是只能也只敢扮演崇拜者的学生。"岂止哲学。学术的责任在生发多样性、捍卫多样性，增广之，蓬勃之。因为，唯多样性可通往真理与自由，甚至可以说，多样性本身就是真理与自由。

我们说的是人类社会、文化文明的多样性，其基本逻辑与生物多样性并无不同。数量是多样性的基础，但数量并不直接转化为多样性。对于历史的思考常常涉及人口与政治体的规模，古典意义上的强权通常建立在对丰富人力高效动员的基础上，但历史上的大国强权多数都和文化创造、文明进步扯不到一起，原因在于人口规模仅仅有益于国家的财政与军事，对于历史的参与则微乎其微。当主要人口被制度性地阻隔在文化教育、自由市场和政治参与之外，庞大社会潜在的高度多样性无法实现，文化创造就只会维持一个低水平和慢速度的发展。所谓充分参与历史，意味着社会成员在法律和制度保障下的相互平等、个人自由与社会流动，其历史呈现就是文明进步。在这个意义上，较小人口规模的社会，可以表达出远比更多人口社会更高的多样性，因而，也就会有更高程度的历史发展。当科学技术成为历史发展的测量工具时，社会之间的优劣强弱亦由此而显。多样性终得贡献于社会，根本在于个人的解放与自由。这个道理一点也不新鲜，清朝末年的革新思想家已然明白，只是从道理到行动要走很长很长的路。

《史记·孔子世家》写孔子栖栖惶惶于诸侯之间，满腹经纶找不到市场，在世俗意义上当然要算不成功人士。孔子问自己最得意的学生颜回，你怎么看我现在这种情况？颜回答道："夫子之道至大，故天下莫能容。"孔子的政治主张太新奇太书生气，各国君主都觉得不切实际，解决不了国家面临的实际问题。比如，在卫国时，卫灵公向孔子请教军事，孔子说，我只学过祭祀礼仪，没学过打仗。灵公跟孔子谈话时，空中有大雁飞过，灵公抬头看大雁，"色不在孔子"，大概觉得飞鸟也比孔子有趣些。孔子只好离开卫国，去往陈国，当然陈国的统治者也不会在乎他。处处碰壁，怎么办呢？颜回说："虽然，夫子推而行之。"这就是所谓"知其不可而为之"吧。当然颜回还是要给孔子打气，他说："不容何病？不容然后见君子。"有价值的新思想，一开始必定不为沉浸在过去（所谓传统）的人所理解、所接受，也就是"不容"。不容又有什么关系呢？不容于世、不容于时，恰恰说明了孔子的价值，以及他的坚持的可贵。

"不容然后见君子"，"知其不可而为之"，应该是多样性原则的一个信条。爱德华·威尔逊（Edward Wilson）在《缤纷的生命》（*The Diversity of Life*）中说："如果一个 40% 个体为蓝色的蝴蝶种群随时间推移转为 60% 个体为蓝色，而且其蓝色是可遗传的，那么一种简单的进化（演化）就发生了。大型演变就是结合了许许多多这样的数量改变而形成的。……进化总是表现为种群内个体所占百分比的变化。演化绝对是一种种群数量现象，任一个体或其子裔是不演化的。"如果机械地类比到社会文化中，一种观念或一种文化只有随时间推移，在人群中获得越来越多的受众，直到超过一定人口比例，我们就可以说，这个社会已经改变了。从孔子如丧家犬一般满世界求职，到汉武帝独尊儒术，四个世纪间，信奉孔子学说的人在总人口中所占的比例势必发生了巨大的变化，尽管这种变化不见得是渐进的，也不见得是直线上升的。坚持的意义由此可见。

在所谓后真相时代，多样性原则在某些时候某些地方可能会被用作否认真相、遮掩真相的幕布。把真相拆分为模糊的东西方，拒绝甚至否认文明价值的普世性，有时候会表现得像是在捍卫多样性。然而，罗生门效应并不意味着没有真相，视角差异造成的观测结果差异不是否认真相存在的理由，相反，足够充分的多视角是达致真相的必由之路。正是因此，多样性不仅是一种愿景，更是一种行动。

这本书，就是作为思考者的写作者们在时代逼迫下所采取的行动。25位作者，20篇文章，涉及的学科或领域虽然有限（与时代提供的可能性相比），却都是凿穿高墙，开启新视野，在我们的知识生活中引入一束新的光。编者把这20篇文章整整齐齐地码成4个小堆：人的境况，重新连接，在世界中，经历未来。书名"复调世界"固然可以理解为是描述这 4 个部分 20 篇文章的合奏效应，其实也反映了每一篇文章内在的观照与造诣，它们都是黄裕生所说"呈现差异、引致差异"的，新知因差异而可能，世界因差异而美好。我从本书一头一尾的两篇文章各引一句话，以略略反映这些文章共有的思想与情感深度—"你痛，我也痛，因为我在乎你。"（张慧、黄剑波《与这个焦虑的时代相处》）"考古学有助于理解过去曾经面临的可能和抉择……实际上是过去的未来学。"（徐坚《未来考古学》）

在一个习惯（其实是被习惯）了一统的国度，"复调世界"生发着、蓬勃着差异与多样。既然"夫子推而行之"，我们又怎么可以袖手不前呢？

2023 年 2 月于北京

第一篇

——

人的境况

与这个焦虑的时代相处:
呼吁一种关系性的人类生存

张　慧(中国人民大学社会与人口学院)
黄剑波(华东师范大学社会发展学院人类学研究所)

焦虑是否一定是一个时代病症或现代性问题,我们难以确定,但是我们大概可以确定我们确实生活在一个焦虑的时代,一个焦虑无所不在、全面覆盖、深度渗透的时代。这是我们的日常生活体验。

焦虑是否一定是一个中国特色问题或发展阶段问题,我们也难以确定,但生活于当下中国的我们大概也可以确定这是一个全民焦虑的时代:几乎每个个体都能感受到不同程度和类型的焦虑。而社会学家和人类学家更为关注的显然是社会性的焦虑和结构性的焦虑，尤其是其具体的生成机制和文化逻辑。确实，焦虑的生成和强化有着其具体的社会性和文化性、观念性和处境性。

几年来，因为新冠疫情，我们曾被笼罩在一种全方位的焦虑和全新的不确定性之下。在一个习惯了每天都有 to do list（待办事项），年终要盘点总结，去到每一个餐厅、景点、国家都要打卡的时代，那种无法做（长远）计划，无法预知未来半年、一年甚至更久的生活无疑给习惯了全球化与流动性（无论是货物、人员还是信息）的我们带来对不确定性的新体验：紧张、焦虑、恐惧、愤怒、悲伤……

无以名状的"倦怠"

除了这些可以被"命名"的情感，似乎还有许多无以名状之物，说不清的"累""提不起精神""无所适从""效率低下"。科学记者塔拉·荷利（Tara Haelle）在一篇题为"Your 'Surge Capacity' Is Depleted —— It's Why You Feel Awful"（《你的"突发应激能力"已经耗尽——这是你感觉糟糕的原因》）的文章里提到了一个医学名词——surge capacity（突发应激能力）。其指代一系列心理和身体的应激系统在人类面对极端压力（比如自然灾害等极端状况）时的短期生存机制。但是自然灾害往往在短时间内发生，即使灾后重建过程非常漫长。而这次疫情不一样，这场"灾害"到底什么时候能结束还是未知数。荷利的文章指出，这种短期的应激能力在帮人类度过灾难之后就会被耗空，需要时间才能恢复，让人类有可能面对下一次的灾难。但在一个长期的疫情状况下，应激机制并没有一个结束、恢复、重建的过程，所以突发应激能力被掏空之后的状态就变成了荷利所描述的一种"焦虑似的抑郁加上赶不走的倦怠"（anxiety-tainted depression mixed with ennui that I can't kick）[1] 的复杂混合体。

在全球不同地区都经历了或多或少、或长或短、或紧或松的隔离、禁足、封城的背景下，澳大利亚天主教大学的乔纳森·泽克博士（Jonathan L. Zecher）在 "Acedia: the Lost Name for the Emotion We're All Feeling Right Now"（《倦怠：我们目前感受到的那种情感的失去的名字》）一文中提出了一个用来描述古希腊人的情感的词——acedia（倦怠）——来描述当下的状况。acedia 的古希腊文原义是指一种无痛无感的迟钝状态（an inert state without pain and care），是对任何事物的漠然（indifference），是根本上的不在乎（lack of care）。在公元 5 世纪记述了这一感觉的神学家约翰·卡西安（John Cassian）如此描述这种感觉："像是经历了长途旅行或是持续很久的斋戒之后，身体的无精打采，以及疲惫的饥饿感……下一秒他开始左顾右盼，然后抱怨没有人来看他。他不断进出房间，不断向上看，好像觉得太阳落得实在是太慢……"[2] 在当时，人们认为 acedia 不会影响城市人或是生活在群体之中的修士，只有那些独自修行的人才会因为空间和社会的隔离而产生这种感觉。在基督教传统里，这种情感是最难克服的，它往往出现在修士们已经控制了贪吃、贪婪、愤怒、虚荣、骄傲等原罪之后。

按照泽克的说法，很多政府对疫情的应对在很大程度上复制了独自修行的修士的状况：社会隔离限制了社会交往，封城导致了活动空间的限制，在家工作或失去工作使我们日常工作和生活的界限被打破，或完全改变了此前建立的生活秩序和节奏。

被"悬置"的时间

疫情自发生开始引入了一套新的时间叙事。这套时间叙事有其流行病学依据，但也切实地改变了我们习以为常的日常生活安排。在不能出门、不能聚会、不能旅行的时间里，时间感被重构，我们也生活在一种不能确定未来日期的"悬置"之中。

在人类学研究中，时间本就是一个相对之物：努尔人的时间感以牛为中心，中国的农历是一个以耕种为中心的农业时间表，"三十而立，四十不惑"是古人对人生历程的期待……在人类学中，时间的另一个重要面向是针对 temporality（暂时性）的研究。正如一个关于"暂时性"的民族志研究中所提到的，"无聊、等待、无事可做、线上活动以及不作为，是人类学探讨时间的重要维度。因为恰恰是在这些时刻，时间流动的规律性被打破"[3]……在这部作品里，不同的作者讨论了对这种"时间僵局"的体验，以及不同国家的年轻人采用了什么策略来应对这些不同类型的"时间僵局"。当习惯的时间安排和时间感受到限制和挑战，我们对既有生活的理解也不得不相应被打破和重建。

"不确定"和"失序"

古希伯来人在讲述世界的开启时提到过这样一个意象——"地是空虚混沌"（formless and void），无序和混乱，因此无法有序地运转，发挥其应有的功能。接下来，随着光与暗的分别、天与地的分开、海洋与陆地的分离、植物和动物各从其类等一系列进展，"空虚混沌"才转变为一个有形有状、有秩序的宇宙（ordered universe）。换言之，只有当不同的事物各在其位、各从其类，在其当有的位置（在位）时，这个世界才真正具有了正常工作的机制和能力，反之，离其当有的位置（出位）则会陷入"渊面黑暗"的境地，看不到光亮和出路。

无论是个人层面上感知到的焦虑，还是社会结构意义上的焦虑，都有着某种对于失序或出位（out of its place）的强烈感知和反应。而这正好表明人类对于"应当如此"（ought to）的向往，对秩序或在位（in its place）的想象。对秩序的预期可以是航班按时起飞、快递当天送达、商场正常营业……这种秩序可以是个人设定的、习以为常的，也可以是社会文化所安排的、约定俗成的，当然也可以是更为宏大的全球政治经济结构的产物。

与失序对应的是关于"不确定"的研究，无论是针对doubts（某种信仰或信任崩塌所导致的怀疑），还是针对uncertainty（人类所认知的、定义的或试图控制的不确定）的研究，都在试图发现和理解当某种秩序被破坏之后人类的社会文化应对策略。正如学者常常论证的，在风险中存在客观和主观的区分。客观的风险可以是真实的威胁，而主观的风险则更多地基于文化观念、信仰，甚至针对这种风险的知识和认知也是可以协商和改变的。基于这一本质，所谓的失序和不确定可以既不完全是客观的，也不完全是主观的，而是在一个被认为有价值的东西受到威胁的情况下出现的。这种"不确定"与人们如何确认、感知、理解和控制风险的一系列观念有关。比如，我们的时间焦虑可能与"与时俱进""只争朝夕"的文化观念有关；我们常常提到的住房焦虑、教育焦虑，也许恰恰是因为住房和教育承载着我们认同的核心的内在价值体系，比如对家的依赖、"望子成龙"里隐含的对向上流动的期待……追求这些核心价值时，人们面临巨大的经济压力和挑战，与此相关的焦虑也就不可避免了。

"秩序"与对生活的"掌控"

英国人类学家石瑞（Charles Stafford）在"What Is Going to Happen Next？"（《接下来会发生什么——对未来的焦虑》）一文中写道："在大多社会里的多数人，至少不仅对回顾过去感到焦虑，还对接下来要发生的事情感到焦虑。"因此，在"即便是看上去并不关心未来的社会里，至少也存在着一些思考和谈论接下来可能发生什么的机制，虽然这些机制是随历史和文化而变的"。他在文章中提到，如果将焦虑视为一种由文化建构而成的状态，那么中国传统文化其实很容易引发焦虑。比如，在东北地区的婚礼上要吃"宽心面"，代表着"四平八稳"——如果以这个词作为美好婚姻和生活的目标，那么难免形成一种制造紧张情绪的哲学。我们对稳定的追求会加剧对不确定的风险的感知。

同样，风水和算命的实践很多时候也来源于焦虑。由于未来的不可控，人们试图通过风水和算命来制造出某种可控感，让自己感到安心，风水和算命恰恰是由不确定性所引发的焦虑情绪的文化应对资源。比如，王斯福（Stephan Feuchtwang）在风水研究中谈到面临这种困境的两种解法，即"在无法控制之事务上，制造出可控感"，以及"面对选择的无规律和不确定性，将做决定的过程规律化"，把自己可以做的事情都做了，即使最终失败也能安心了。

让人无处可逃的疫情使我们重新反思生活中的那些"确定"，并遭遇了更多的新的"不确定"。荷利在《你的"突发应激能力"已经耗尽——这是你感觉糟糕的原因》一文中提到，生活在"新常态"之中的应对方法之一就是：接受不完美、降低对自己的要求。以前两周能做完的工作，现在花一个月才完成也没什么；当你什么都不想做的时候，就给自己放两天假。事实上，这种焦虑和倦怠在成就高、成绩好的人身上表现得更为明显，也更难克服。而在时间的"悬置"之中，我们也可以重新思考：哪些价值是对我们最为重要的，哪些又是可以被舍弃的？

显然，人类面对和应对不确定时的身体和心理反应既是个人的，也是社会文化的。如何重建自身的"秩序"，如何重建社会对于"确定性"的需要，是我们需要共同面对的问题。正如那句著名的引文所说，"Uncertainty is the only certainty there is, and knowing how to live with insecurity is the only security"（唯一确定的是不确定，与不安全共处是唯一的安全感）。这也许是新冠疫情给我们上的重要一课。

回到合宜的位置：在关爱中活下去

不过，在新常态的情境下接受不完美、降低预期，并不意味着"放弃治疗""认命""投降"。事实上，这些描述虽然都是斗争式的语言，但指向的是战败之后的沮丧和绝望。长久以来，我们已经习惯了这种"与天斗，与地斗，与人斗"

的思考方式。

如前文所述，焦虑指向的除了恐惧和愤怒，还有可能是倦怠、失去活力。倦怠的根本在于无望，这是在"空虚混沌"状态下无法逃避的处境——"渊面黑暗"之际，还有什么可期待的呢？摆脱这种混沌或失序的出路，或许正在于修复和重建各种合宜的关系：天与人、地与人、人与人及人与自我的关系。换言之，回到合宜的位置，在彼此的关爱（care）中勇敢地活下去——尽管我们面临的是"血淋淋的现实"。我们需要找回"痛感"，找回对人、事、物及世界的真切的关怀和在乎。毕竟，有痛感，有在乎，表明还有盼望，有活力，生命仍然在运转之中。

我们无须完全同意人类学家阎云翔关于中国社会正在全面且快速个体化的判断，但他所描绘的一些现象至少让我们心有戚戚。我们大概可以说，正是孤零零的个体在一个强大的、充满了危险或风险的外部社会中的这一意象，日益强化了作为个体的人的恐惧和无时不在的焦虑感。问题在于，这并不仅限于自我关系的纠结，我们的经验现实似乎是，每个人都成为别人的威胁，每个人都不在其当在的位置上或关系中。作为群体的人似乎也在以彼此为敌，生活在一个充满敌意的竞争性的族群关系、地区关系或国际关系中。文明的冲突不仅是一种学术观点，在一些地方和人群内部更是一种立场和主张。进而言之，作为类别的人似乎同样也在与天地争斗，结果则是整个自然界似乎也在做出反抗，从食物，到土壤，再到空气、气候、宇宙……在当下，这也是一种"新型"病毒。拉图尔在 Facing Gaia（直面盖娅）系列讲座中，借用古希腊的说法对此予以描绘：盖娅(大地女神)展开了全面的反击。

在古希腊之外，我们或许还可以从古希伯来人那里找到一些可资借鉴的思想资源。例如，"爱里没有惧怕"这句看似鸡汤的话语在当下仍有直接的意义。不过，这里的"没有"不是有和无的意义上的"没有"，而是指"惧怕"可以被安置、面对和转换。更重要的是，在这个表达中，爱不仅仅是一种情感性甚至情绪性的东西，而是一种持久的、有深度的、恰当的关系。换言之，在（爱的）关系中就有可能面对恐惧，面对无以名状的焦虑甚至倦怠。进一步，若处在（正确的或合宜的）秩序中，或许就可以免于过度的焦虑。个体的人之间如是，群体的人之间如是，作为类别的人与其生活的世界也如是。

因此，我们或许有必要再去看一看法国人类学家杜蒙（Louis Dumont）在《论个体主义》中对近代欧洲社会的观察，听取一下哲学家汉娜·阿伦特在《极权主义的起源》中对于原子化个体的可能社会后果的警告，以及天主教哲学家查尔斯·泰勒等人所倡导的社群主义。人类学家和哲学家摩尔（Annamarie Mol）在 *The Logic of Care*（《关爱的逻辑》）一书中也有类似的表达。尽管摩尔批评的主要是现代西方医学及现代西方社会的个体主义哲学和人际关系，希望在过度强调个体自主的"选择的逻辑"（logic of choice）的时代，重新去寻找一种更健康、持久和深刻的"关爱的逻辑"，呼吁一种关系性的人类生存。事实上，对于有着深厚的"天人合一""二人可为仁"传统的中国人来说，这些主张并不难理解——尽管我们似乎早已忘记了这些珍贵的传统。上古之"礼"就是旨在寻求一种合宜的关系，并照此关系展开我们全部的社会生活。换言之，即归回其应有的位置。

或许更为重要的是，在指代深度关系的同时，"关爱"（care）还是一个动词。甚至可以说，如果没有具体的行动或动作，所谓关爱的合宜关系是根本不存在的。只有当你真正投入了对某人或事物的关爱的行动，对其精心地照料（care for），才能说明你真的在乎（care about）。而这种照料和在乎正是对那种无以名状的倦怠的回应和可能出路，是存着盼望的带有活力的行动，尽管这一过程可能非常艰难，常常伴随着眼泪与汗水。显然，不同于倦怠（acedia）所描绘的那种根本上的冷漠，这是一种有痛感的关系：你痛，我也痛，因为我在乎你。

—— 注　释 ——

[1] HAELLE T. Your "Surge Capacity" Is Depleted- It's Why You Feel Awful[Z/OL].[2020-8-17].https://elemental.medium.com/your-surge-capacity-is-depleted-it-s-why-you-feel-awful-de285d542f4c.

[2] ZECHER L J. Acedia: the Lost Name for the Emotion We're All Feeling Right Now[Z/OL].[2020-8-27].https://theconversation.com/acedia-the-lost-name-for-the-emotion-were-all-feeling-right-now-144058.

[3] DALSGARDL A. et al (ed.) Ethnographies of Youth and Temporality: Time Objectified[M].Temple University Press, 2014.

心理热：
转型社会的心灵图景

安孟竹（人类学者）

2004 年，中央电视台推出了一档名为《心理访谈》的电视节目，心理学家李子勋和杨凤池是节目的常客，负责运用专业知识来倾听、分析嘉宾们在职场、校园、亲子与婚姻关系中的困扰与挣扎。如今看来，这档节目的形式有些陈旧，但其在当年迅速获得了极高的收视率。节目播出时，"心理咨询师"刚刚被劳动与社会保障部（现人力资源和社会保障部）认定为一种新的职业类别，这个在当年听来还有些陌生的头衔如今已为普通人所耳熟能详，不仅私人执业的咨询/

治疗机构随处可见（咨询和治疗在实践中常被等同混用），就连面向从业者与爱好者的各种心理培训也已成为一个蒸蒸日上的产业。这场自21世纪初以来在中国城市迅速蔓延开来的"心理热"（psycho boom/ psy fever）已成为英语人类学界持续关注的现象。

所谓心理热，并不是指心理学在知识界的强势地位，而是指近20年来心理治疗产业在中国城市的蓬勃发展，以及心理知识与实践向普罗大众日常生活的渗透。20世纪80年代到访湘雅医院的美国人类学家凯博文（Arthur Kleinman）曾发现，中国人的苦痛表达被外部环境挤压到了躯体中，但伴随这股新世纪的心理热，人们对苦痛的言说、体验和回应又转向了心灵层面。

与美国20世纪60年代的"人类潜能运动"（Human Potential Movement）一致，兴起于后改革时代的这场心理热也被人类学家定位在社会剧烈转型的背景下：面对日益激烈的市场竞争和一反传统的人际关系与价值标准，城市中产阶级的内心世界开始被迷茫与不安包裹。正是在这样的语境下，一种管理个人情绪、自我实现与自我控制的治疗语言被引入中国社会。可以说，心理热既是社会变迁的产物，也是其疗方。自"心理危机干预"成为2008年汶川地震救援计划的一部分以来，海外心理治疗从业者纷纷来到中国开拓市场。除了雨后春笋般涌现的咨询／治疗机构和培训活动，心理知识也逐渐渗透进种种以"自我提升"为目标的读书会、演讲俱乐部、沟通训练营中，并借由流行读物、大众传媒浸染着普通人的日常思考与言谈。耕耘这一议题的人类学家不仅将心理热视为当代中国的一种城市景观，也把它当作一种切近中产阶级生命体验的方法，他们试图追问：迫切投身这场热潮的人们到底在追求什么？在这场热潮中浮现出了转型社会怎样的心灵图景？

治疗的"本土化"与翻译

心理学是在中西方漫长的文化相遇历程中进入中国的舶来品。民国时期，精神分析之风已然刮向中国现代文学界，归国留学生开始在高等学府创立心理学系，但在 1949 年以前，心理学的影响一度局限于知识分子内部，直至改革开放国际交流恢复后才开始迈出学院，从文本、实验室走向临床咨询和大众传播。始于 20 世纪 80 年代末的"中德班"开启了海外治疗师对中国学员进行培训的先声，也为这一跨越地理边界的知识实践带来了文化上的张力。

人类学者张鹂认为，中国的治疗师面临的主要挑战是如何用一种国际化的治疗模式来回应中国人的规范、价值和期望。她将治疗师因地制宜地"培植"治疗方法的做法称为"本土化"：本土化不只包括让治疗"适应"地方文化土壤，还涉及拼贴、改造以及知识实践中的对话。在她的田野地点昆明，与"思想工作"的革命遗产有着高度契合性的认知行为疗法（cognitive behavioral therapy）被广泛采纳，治疗师也会借助禅宗、道教等文化语料库来重新阐释治疗过程，并根据实际情况来调整来访者的期待和治疗操作。

　　本土化不仅指向治疗师对疗法的有意识选择与重塑，也关系到治疗实践与文化环境的相互阐释。尽管心理治疗并不建立在精神医学的病理化标签基础上，但治疗行为在帮助人们寻求缓解苦痛之法的同时，也可能成为对个体"缺陷"的暴露——进入治疗室的来访者也象征着一个失去了自我掌控力的失败的现代人。高乐（Gil Hizi）指出，这种污名化的想象构成了心理治疗在中国进行"文化培植"的障碍。实际上，相比于一对一的深度治疗探索，在这场心理热中，大多数人更倾向于参与以沙龙、工作坊、成长营等方式进行的自助式心理培训。在这类活动中，治疗师往往化身为"导师"，以"教学"的方式来推广特定的治疗方法。彭晓月（Songya

Prizker）研究的就是这样一系列在"导师"引领下深度探索童年经历和亲密关系，从而帮人们驾驭情绪、获得成长的团体沙龙。彭晓月发现，对情绪的辨识是这种治疗活动的核心，而治疗师的"文化翻译"工作不只涉及与情绪有关的术语和概念，还包含一种让情绪得到显现、感知、言说和释放的身体工作：他们会创造出各种让情绪获得具象表达的互动情景，引领学员通过具身的感知承认内在的体验，并学习用特定的语言去捕捉和反思性地表达。这样的"翻译"不只打开了一个让"情绪"获得心理治疗式理解的符号学时刻，也翻译出了一个特定版本的"自我"。

自我的重塑

心理热绝不只是全球化影响下的产物。人类学家注意到，大众对心理知识与实践的渴求与时代变迁之下人们对身份、关系、位置的重新摸索息息相关。当个体与家庭、社会的联系日渐脆弱，人们对"自我"的探究也变得愈发迫切。在心理咨询与培训活动中，生命故事的分享与自我感受的表达占据重要地位，心理干预往往会带来叙事中的"启蒙时刻"，这也使得心理咨询与培训活动成了参与者的一场"自我塑造"

实验。然而张鹂指出，尽管心理治疗的知识启发人们将自我从原有的社会关系中"解绑"（disentangle），进行反身性思考，但其最终目的在于塑造一个更擅长管理情感、处理关系的新"自我"，使之重新"回嵌"（re-embed）到原有的社会关系之中。

这种以关系为导向的心理实践在"家庭治疗"领域体现得尤为显著，后者通常将个人的心理问题视为家庭结构与日常互动的产物。有学者指出，家庭治疗的目光重新发现了中国社会中存在的一种扩张式人格（expansive personhood），即一个人的自我总是笼罩、容纳着其他人，习惯于通过对家人负责的方式来实现自我，但这也给个体带来了情感上的负担。比如，焦虑的父母出于为孩子生命负责的考量而强加的控制，恰恰成了孩子心理问题的根源之一。为了让父母不再过深地卷入孩子的生活，让承载过多期望的孩子做出自己的选择，治疗师的任务是将彼此包裹的家庭成员重新阐释为相互独立的个体，在中国家庭中引入"人际边界"的概念。

这种企图在家庭内部设置人际界限，从而挑战长久存在的自我与人格模式的心理学实践也出现在基于"自助心理学"（self-help psychology）的培训活动中。自助心理学曾在 20

世纪初的美国掀起一阵热潮，以回应当时的城市化与市场化进程造成的身份焦虑，而在当代中国道德转型的背景下，个人欲求与社会关系之间的冲突也给自助心理学开辟了一片新空间。韩泊明（Amir Hampel）研究了北京的公共演讲俱乐部，关注自助心理学在那里如何引导年轻人摆脱"差序格局"式的关系模式，学会与他人建立平等的新关系。在自助心理学的倡导者看来，学会看到他人眼中的自己不仅是获得（市场、亲密关系等方面）成功的前提，也是"成为现代人"的必要步骤。韩泊明观察到，在演讲俱乐部里，这种反身性自我（reflexive self）的觉醒是通过分享关于"羞耻"的生命故事和学员之间的相互批评实现的。激活、引导羞耻感的技术让来自"外地"的年轻人学着在一个陌生人构成的都市中定位自己。然而在他们关于"自我"的演讲中，社会价值导致的焦虑常常与对内在世界的探索混为一谈，所谓"成长"更像是让自己的价值观和生活方式摆脱"落后"的阶级传统，以符合想象中的现代化要求。因此，与其说这类心理实践推广了一种个人主义版本的自我，倒不如说它成了当代年轻人寻求新的社会归属的方式。

相比之下，高乐的报道人们表现出了更加明确的、借助心理技术进行"自我提升"（self-development）的迫切诉求，这种诉求的出现与国家从公民福利供给领域的撤退有着不可分割的联系：一个"靠自己"时代的来临不但将处理困扰和苦痛的责任交付给个体，也增加了人们通过提升"素质"来适应市场竞争要求的动力。高乐发现，人本主义心理学和积极心理学已融入"软技能"培训产业所倡导的互动技术。在聚焦提升人际沟通和交往能力的各类"成长营"和创业培训中，自我实现的口号、相互赞美的练习、对成功人士语言风格和姿态的模仿以及演讲舞台本身，都为参与者提供了一个短暂、瞬时的自我实现"装置"，为现实中的自我转型打开了想象的空间。

当代中国的心理热既是改革时代消费市场扩张的产物，也为自我转型提供了新的资源。张鹂认为在这一影响下浮现的是一种"治疗型自我"（therapeutic self），从十几年前她参与的心理治疗工作坊到如今缤纷多彩的自助团体，从家庭内的冲突到对都市生存的迷惘……对参与者而言，自我的觉察、塑造和提升已经成为愈发主动、自觉的追求。不可否认的是，心理治疗与培训往往绕开了社会苦痛的结构性根源，它们力图通过发展一种关于自我控制、情绪管理、关系互动的技术手段来帮助人们追求美好生活。因此，在一些学者眼中，这种回避社会震荡的"内在革命"近乎一种福柯所说的治理术（governmentality）。

"心理学化"与治理术

持批判取向的人类学者致力于构建"心理"与"治理"的内在关联，其借鉴社会主义转型研究中"心理学"的应用（如俄罗斯心理学家向精英阶层的孩子提供"心理教育"的研究），强调心理话语和技术如何通过培育人们对内在生命体验的关注【意即福柯所说的"自我关怀"（self-care）】来打造一种符合国家理想的新型主体。杨洁将日益渗透进大众生活的心理话语视为一种去政治化的、诉诸内在感受的修辞，人们透过这面"转向内在"的棱镜来重释自身遭遇，将社会经济问题降格为个人心理问题加以干预。在她看来，心理热的背后暗含着治理方式的转型，其本质是社会问题的"心理学化"（psychologization）。

杨洁对心理培训的关注可追溯至世纪之交的下岗潮，一个心理治疗的"前产业化"时代。在对一家国有工厂下岗工人再就业的研究中，她发现下岗工人的焦虑和愤懑常被贴上"失业综合征"的标签，而基层治理工作的核心在于对下岗工人性别化的"潜能"进行管理和引导：其中男性阳刚、对抗的气质往往被基层管理者视为需要安抚、管控的危险潜能，而女性的关怀品质则让她们通过再就业培训进入了一种名为"陪聊"的新职业。心理咨询的话语贯穿在再就业培训中，在将下岗女工塑造为心理关怀对象的同时，也鼓励她们成为非正式的心理咨询师，调用自己在失业期间的遭遇和苦痛为他人"解开心结"。但这并不意味着女性可以在市场经济大潮中自立，作为一种性别化的关怀劳动，大多数"陪聊"不过是在临时的就业模式中承受着新的剥削。

实际上，从20世纪90年代末起，中国的出版市场上就充斥着各种粗糙的大众心理学读物，报纸上开辟了为读者的生活困扰给出建议的"咨询专栏"，电台热线开始变成人们诉说苦恼、寻求支持的渠道。尽管这些实用、说教的话语对内在世界的探索深度远不及日后的心理治疗，却潜移默化地打开了一种人们想象美好生活的新方式。杨洁分析了世纪之交的电视节目对"幸福"的论述，指出其中频频强调的"通过释放个人的积极潜能来适应新经济环境"的话语与构建社会、维持社会稳定的政治工程有着内在的契合。她也注意到，自传式、忏悔式谈话节目的流行让许多心理学和精神疾病术语进入了普通人的生活，制造了新的"痛苦习语"（idiom of distress）。一些群体表达诉求、抗争或自杀的行为被媒体愈发轻易地界定为"精神病""抑郁症"作祟,不同于西方"心理学化"过程中专业治疗机构的泛滥和对知识权威的依赖,在中国,日常交流反而成了人们相互诊断、制造(伪)疾病的场域,自助式疗愈的普及则映射出社会对苦痛的结构性补救难以达成。

对心理实践的"治理"式理解也包含内在的张力。恰如杨洁指出的,面对诊断话语的任意使用及其造成的"污名化"效应,心理治疗与精神医学专家常常扮演批判的角色。此外,治疗观念本身也常常有着与治理目标相悖的内涵,例如,家庭治疗虽以自我负责的现代人格为理想模板,但它对"独立"个体的强调却对官方弘扬的"孝道"构成了威胁;而在自助团体的自我提升实践中被激活的"羞耻感"却恰恰不被自助心理学文本所倡导。参照"医学化"批判路径来理解"心理学化"的学者看到了一个把社会苦痛重塑为精神障碍或心理状况的病理化、个体化过程,但从培训产业角度关注心理热的学者则有意将这种在生活中培育幸福感的心理实践与机构化的、关注大脑化学过程的当代精神医学区别开来(不可否认,一些心理治疗方法在知识论上的确有明确的反生物精神医学取向)。那么应该怎样看待"心理"与"治理"之间的张力,以及心理热版图内部的差异?在一个"治理"的框架之外，是否还有其他理解心理实践的可能？

江湖、仪式与能动性

如果不回到心理热实践者的第一人称视角，不探究心理实践的具体过程和不同流派之间的微妙差别，就没有办法理解心理治疗与培训实践对于参与者究竟意味着什么，对相关现象的审视也只能沦为一种外部文化批判。

带着不同视角和关切探究心理热的人类学家在一些关键问题上存在争议，其中之一便是治疗师的"角色"。尽管治疗师的工作不同于医疗单位的"精神科医生"，但在一个"知识／权力"的框架下，还是很容易被套上某种福柯式"现代权力中介"的想象。然而需要注意的是，在"速成式"培训中冒出的执业者、爱好者才是这场热潮的主要力量。投身其中的人往往将心理咨询培训视为"了解自我"和"增加职业资本"的双重手段，提供培训的治疗师也认为自己不仅是在牟利，更身兼知识传播与"助人"的使命。这种短期的商业培训造就了大批"半路出家"、缺乏实践经验、通过死记硬背式考试取得执业资格的"咨询师"，这被一些"学院派"人士斥为行业乱象。因此，心理热所造就的大批"咨询师"

并不是一个精英化、均质化的专业群体，反而像是黄宣颖（Hsuan-Ying Huang）所说的"混乱江湖"。

即便是具有强势学院背景、在"国际化"培训体系中成长起来的治疗师，在真实的治疗场域中也是有着复杂道德考量的行动者。关宜馨（Teresa Kuan）发现，在结构性家庭治疗的治疗督导中，治疗师常常被要求扮演"伦理上失之偏颇但治疗上正确"的强势介入角色，来激发来访者对家庭原有关系模式采取行动改变。这样的治疗与督导过程像是一场道德实验，治疗师不但需要进行一些风险性的干预尝试，自身也可能变成脆弱的受虐者。

在关宜馨看来，家庭治疗就像是一场当代的魔法，恰如阿赞德人将难以在日常生活层面解决的冲突交付给巫术，城市居民开始求助的家庭治疗也如同一场针对"亲属关系"的干预仪式，其目标在于帮助人们重返日常，找到自己在家庭场域里的新位置。在这场充斥着象征技术的治疗仪式中，散发"疗愈之力"的不仅有知识和话语，还有其特殊的媒介、空间与装置。治疗师会运用各种视听和传感仪器捕捉来访者转瞬即逝的表现，引导他们重新"观看"家庭内部的关系过程，唤起他们对互动方式的改造。但若将家庭治疗极具科学感、专业化的仪式置于人类应对生命困扰的漫长历史中，或许也会发现"我们从未现代过"。

在治疗师与治疗过程的复杂性之外，也不应忽视心理热参与者的道德自觉与能动性。在一个心理学大众化的时代，年轻人对许多粗糙的心理学文本早已有了免疫或抗拒的心态。高乐发现，自我提升成长营里的年轻人尽管拒绝沉沦与虚无，试图寻求迎向世俗社会的精神动力，但已经很难被"心灵鸡汤"式的口号所鼓动。游走在培训活动与现实生活之间的他们不断经历着情感上的起伏跌宕。换言之，渗透在各类培训活动中的心理学并没有制造出一种统一的行动"规范"。此外，尽管以情感为核心的"心理困扰"话语摒弃了激进的社会改造行动，却为中国人（尤其是处于结构性弱势的女性）提供了一个言说苦痛的新空间，甚至可以说将人们对"存在"（being）的体验引向了一个新的"情感"维度。巴克莱·布拉姆（Barclay Bram）发现，心理话语并不总像生产"陪聊"的再就业培训一样强化既有的性别想象，而是帮助女性创造了许多日常生活中的小胜利，包括厘清、诉说自身相互冲突的渴望，以及凝聚一个支持性的社群来帮助其应对在主流社会中体验到的情感负担。很难说心理热的参与者是在盲目跟随一种风潮，但可以确信的是，在充满困顿和脆弱感的都市中，他们渴望通过心理学的技能与方法找到属于自己的位置，在变化莫测的生存环境中营造某种确定感、控制感。

演进中的未来

2013 年，《中华人民共和国精神卫生法》颁布，中国的心理热迎来了新时代。法律对具有医学内涵的"治疗"和作为非医学行为的"咨询"做出了明确区分，规定前者只在医学机构中进行（然而这一规定日后并未付诸实践）。尽管"专业化"倡导者一直呼吁为这个缺乏规范性的行业引入国家监管，但新法的颁布也引发了许多私人治疗师对职业前景的忧虑。2017 年，国家心理咨询师资格考试正式取消，取而代之的，是一些城市开始出现新的治疗师认证系统，意图对从业者做出进一步的专业化区隔。然而这并不意味着心理热的消退，相反，大量与心理治疗、心理知识相关的企业和网络平台在新一轮科技创业潮中涌现出来，将心理实践的大众化和商品化推向了新的高度。如布拉姆所言，中国的心理热不是一个线性、同质化的现象，而是一个复杂交错的历史过程。随着心理治疗从业者的代际更替，人们对干预心理苦痛的技术化追求愈发明确，方法的探索也呈现出多样化的趋势。

后疫情时代的人们对于多元化的疗愈手段有着更为迫切

的渴求。如果将心理热视为城市中产阶级寻求自我疗愈的征候，那么迄今为止，光谱另一端的泛身心灵疗愈实践（如冥想、戏剧治疗、艺术治疗）尚未得到充分延展。与之相伴的是，精神医学对苦痛的病理化识别也在同步上升。如果说心理治疗及培训行业的兴起曾被视为一种民间应对精神痛苦的非正式手段，那么在今天，大众心理实践与精神医学治疗之间的关系又发生了怎样的变化？

如果说西方"心理学化"的批判者曾将心理学视为一种新时代的宗教，那么，"忏悔室"的隐喻似乎已不足以概括当下中国心理治疗的复杂景观。当如何面对LGBT（性少数群体）和残障来访者的相关讨论开始为心理治疗注入社会正义的元素，当越来越多的团体心理活动开始帮助创伤承受者面对自身的受压迫处境并鼓励相互关怀，需要反省的是：过往的心理热探索是否过于轻视了这些疗愈实践激进、革命性的一面？如何看待这场尚在演进中的心理热，这当然关系到人类学如何处理苦痛经验、知识实践、主体塑造、社会转型等一系列经典问题，但也与我们如何理解普通人的生活韧性与智慧密切相关。

* 参考文献

BRAM B. Troubling Emotions in China's Psy-Boom[J]. HAU: Journal of Ethnographic Theory, 2021, 11(3): 915-927.

BRAM B. Strong Women and Ambivalent Success: The Gendered Dynamics of China's Psy-Boom[J]. Ethos, 2022, 50(1): 72-89.

CHEN W. Enveloping Mothers, Enveloped Sons: Positions in Chinese Family Therapy[J]. Culture, Medicine, and Psychiatry, 2018, 42(4): 821-839.

HAMPEL A. Shameless Modernity: Reflexivity and Social Class in Chinese Personal Growth Groups[J]. HAU: Journal of Ethnographic Theory, 2021, 11(3): 928-941.

HIZI G. Evading Chronicity: Paradoxes in Counseling Psychology in Contemporary China[J]. Asian Anthropology, 2016, 15(1): 68-81.

HIIZI G. Becoming Role Models: Pedagogies of Soft Skills and Affordances of Person-Making in Contemporary China[J]. Ethos, 2021, 49(2): 135-151.

HUANG H Y. Untamed Jianghu or Emerging Profession: Diagnosing the Psycho[1]Boom Amid China's Mental Health Legislation[J]. Culture, Medicine, and Psychiatry, 2018, 42(2): 371-400.

KUAN T. At the Edge of Safety: Moral Experimentation in the Case of Family Therapy[J]. Culture, Medicine, and Psychiatry, 2017, 41(2): 245-266.

KUAN T. Feelings Run in the Family: Kin Therapeutics and the Configuration of Cause in China[J]. Ethnos, 2020, 85(4): 696-716.

PRITZKER S E. New Age with Chinese Characteristics? Translating Inner Child Emotion Pedagogies in Contemporary China[J]. Ethos, 2016, 44(2): 150-170.

YANG J. Unknotting the Heart: Unemployment and Therapeutic Governance in China[M]. Ithaca; London: ILR Press, an imprint of Cornell

University Press, 2015.

ZHANG L. Anxious China: Inner Revolution and Politics of Psychotherapy[M]. Oakland, California: University of California Press, 2020.

照护危机与关怀革命：
急诊室手记

姚　灏（精神科医生，《照护》译者）

急诊室外那远远就可望见的红色"24 小时"字样霓虹灯，向往来路人显示着这里是这座城市 24 小时都需要的地方。在现代大型医院的体系里，医疗服务大致可以分为三部分：门诊部服务、急诊部服务和住院部服务。急诊部，顾名思义就是提供紧急诊疗服务、解决急症问题的所在。然而，在国内住院部资源仍旧相当短缺的情况下，急诊部在诊治急症之外还扮演着一个相当重要却似乎鲜被深入讨论的角色——住院部服务的缓冲区，为那些需要住院却无法被正式收入院的患者提供暂时性的住院诊疗服务。但实际上，对于许多患者来说，这里所谓的"暂时"或许就已经等同于他们的"永恒"定格，他们虽然病情危重，却可能永远也无法等到被正式收入院的机会。由此，急诊室也就成了他们人生最后一程的栖居之所，或者在别无他处可去的意义之上，也成了他们人生终点的"收容"之所。

最近两个月在医院急诊大厅工作的经历，让我不禁感慨，倘使这座城市有个地方可以用"人间炼狱"来形容，急诊大厅必然是要进入候选名单的——不论是对于在这里工作的医生，还是对于来此就诊的患者及陪护家属来说，都是如此。等候挂号、缴费、检查、看诊的"长龙"（很多时候可能根本就没有队伍的概念，有的只是拥挤的人群），四处可见的、只能勉强容下患者身体的狭窄推床，从患者被褥下伸展出来的尿管，丢弃在床下的沾满粪尿的纸尿裤，悬挂在床边的集尿袋，盛满了黄绿色胃内容物的胃肠负压吸引器，咕咕作响的胸腔闭式引流瓶，密密麻麻到处竖立着的输液架与挂满架子的大小吊瓶（里面是白色、黄色或红色的救命药液），塞满角落和缝隙的大小包裹；以及议论、闲聊、抱怨、争吵（病人与家属的、家属与家属的、病人或家属与医务人员的），还有不时传来的痛苦哀号，心电监护仪的哔哔报警声……这些都构成了急诊室对人们视觉、听觉与嗅觉的冲击。而在内里，急诊室则是人世间所有情感与苦难以不同浓度混合在一起的地方，陈放着这座城市里最大浓度的苦痛、苦难与未知。

在急诊大厅工作，也实实在在打破了我自己曾经关于医疗照护的许多美好想法。凯博文在《照护》一书里讲述的许多可被称为"照护危机"（crisis of care）的事件，对于国内以及许多资源欠发达地区来说甚至是奢求——能够用数小时来评估患者病情却忽视家属需求，总比对于患者病情的评估只有几分钟更谈何顾及家属需求好；虽然家属的照护压力很大，但至少能请来居家护工搭把手，可在国内许多地区，针对阿尔茨海默病患者的居家照护服务还根本不存在；关于"在地老化"（aging in place）的批判固然重要，可在许多资源欠发达地区，机构化照护缺口尚且巨大，又何谈作为机构化照护之批判而问世的"在地老化"理念与对"在地老化"理念的再批判；在书中，神经外科医生面对患者术中死亡，不知所措，想推卸责任，遂请来医院精神科医生会诊并代为交代手术经过，可在国内，一线城市以外的许多综合性医院甚至都没有精神科联络会诊服务。许多个掉入犬儒的夜里我也会想，或许对于国内的医疗服务来说，能提供规范治疗（cure）就足够了，而不必谈什么照护（care）。

"地上摆满了人"——当朋友问我最近在哪里工作时，我如是形容我这两个月的工作场所。他们听后总是不约而同地露出诧异的表情——你是在开玩笑吗？但你或你的亲友如果曾到一线城市三甲医院急诊科就诊过，就会知道这一点也不夸张。急诊大厅里只要有空间，便会被塞进病人的临时病床，这还并不算是最糟的，因为病人至少还可以睡在室内；在有些急诊人次更多的医院，大厅内甚至都已经没有余位，由救护车不停运送过来的病人只好被"摆放"（是的，把病人"摆放"在这里那里，又一个医疗系统的行话）在急诊大厅门口"风餐露宿"。看到横七竖八摆满了人的场景，你就知道人的疾痛与苦难在这里十之八九是没有隐私可言的。

　　一位男性肝硬化病人，腹水很厉害，进出急诊已经好几次了（所谓"旋转门现象"），刚转去下级医院没多久就因为腹水太厉害，下级医院处理不了，又送回到我们这里。他进来时腹大如鼓，尤其是下体也肿胀得犹如气球，由于压力实在太大，经常渗水渗液。他无法穿上裤子，因为穿了很快就会湿掉，于是只好赤裸着下体与腹部，歪斜着坐在大厅门口的椅子上，接受来往路人的"注目"。许多急性心衰或尿潴留的病人要紧急导尿，由于病情危急而大厅里又经常缺乏简易屏风（即便围上屏风往往也无法围得严实），别无他法，医生只好默认旁人在这种情况下已经背过头去，脱下病人的裤子就开始紧急导尿。还记得有位病人导完尿问我能否借张无菌布，我刹那间不知为何，把无菌布给他后，见他将其盖在自己下体上，才意识到这张布对他而言意味着最后的尊严。

如果资源紧缺的照护体系褫夺了（或者未尝给予过）人们的隐私与尊严，那作为这个体系里的一员（虽然同样只是无奈的一员），我觉得，我至少需要与这些被褫夺了隐私与尊严的人们共同面对——更多时候是无法面对，而只好共同忍耐——隐私与尊严的被褫夺。时间与空间，对于照护来说，是必需品（研究表明，照护的连续性与私密性对于良好医患关系的建立来说是重要因素），却在许多情况下只是奢侈品——没有时间，只得以三言两语解决主要矛盾；没有空间，只得放弃马斯洛需求模型中更高层次的需求。在这样的情况下，我们该提供怎样的"以人为中心的照护"（person-centered care）？又该如何提供？医疗需求尚无法被完全满足，医护尚存在相当大的人力缺口，而社工、心理咨询师／治疗师、康复师等这些在传统上被认为是能够更多体现出"照护的灵魂"的职业的从业者更是少之又少，又何谈复杂照护（complex care）所要求的多学科协作呢？

另一方面，当我们拉远镜头看到急诊大厅里的社会经济分布，就会认同并更加深刻地理解19世纪德国社会医学家魏尔肖的那首诗："医学统计学终将成为我们的／测量标准：我们将掂量不同生命的轻重，然后去看看／到底是哪儿尸横遍野，是在劳动者中，还是在特权者中。"我在急诊大厅里握过的那么多只手都是粗糙的，指缝里满是泥垢。什么样的人会被留在大厅里永远等不到正式收入院的机会？什么样的人又会第一时间被收到病房里去？其中从来都能够讲出许多关于权力与脆弱的故事。"我们看病不用花钱，没关系，给我们用最好的药。""大夫，能不能不用药了，让我们早点出去？我们已经没钱了。"疾痛与死亡从来都不公平，照护质量也从来不是均匀分布。现实生命的轻重，也早已被换算成不同的社会使用价值与医院的牟利可能。合并症多、迁延不愈、反复发作、年纪太大、功能太差，对于何为"好人"（好病人）、何为"烂人"（烂病人）的内部定义是所有医生进入这个特定场域都要经历的社会化过程，是医学教育里所谓的"隐藏课程"（hidden curriculum），也是当今以利益为枢纽的医疗社会文化的罪愆衍生品。所以，那些治疗周期短因此能提高周转率、治疗费用高因此能增加收益的"干净"（合并症少）病人总是会被优先收进病房，而那些衰老的、贫穷的、基础疾病太多的、化验指标七上八下的、脾气不好的、家庭关系复杂的病人就会被滞留、堆积在急诊这个缓冲区里。

在这里，利益与生存画起了等号。趋利的或者以商品经济为主导的社会文化导致了生命的商品化，也导致了照护劳动的商品化，照护成了买卖，成了交易，而不再是——独独不再是——关怀与关爱的互惠往来。

想起第一天来急诊大厅上班时，穿过这横七竖八似乎毫无秩序可言的推车之海，我觉得自己仿佛来到了"战场后方"。"就像天天在打仗"——在外等候的似乎没有尽头的病人和随时可能出现的人身伤害风险，面对着充满未知与紧急状况的工作环境，许多顾不上吃饭、如厕的急诊医生都会这么回复对医生急诊工作感到好奇而又不解的人。只是比起那些确实工作在战地的医生，在医院工作的医生往往无法做到那么"纯粹"——"纯粹"地救死扶伤的初心往往无法实现。"做个医生"是许多医生的初心，"做个纯粹的医生"如今却是许多医生的梦，只能在夜里做。

一天夜里，我在急诊大厅查房，有位家属问我他家病人能否尽早从大厅转去病房正式住院，（事后想想）我有些草率地回答他："我也希望病房尽早能有床位空出来，这样你们能尽早住院，这里的环境确实差了些，有些乱七八糟。"接着家属便出乎我意料地笑了出来："哈哈哈，乱七八糟。"

我一时不知他为何要笑、有何可笑，我只是陈述了一桩明明白白摆在他和我面前的事实而已。或许他原先以为在这里工作的医生都觉得这里环境不错可以接受，所以才不那么积极地把病人转去环境可能稍好些的病房（但病房的实际环境可能并不比这里更好，由于正式床位都已人满为患，很多病人去了也只能睡在过道里）？也或许是他没有想到医生会这么说自家医院？

其实，对于许多年轻医生来说，他们与医院的情感利益关系尚未完全建立，甚至对于许多年资已经很高的医生来说，这种关系是否存在也是值得怀疑的，因为其随时可能面临瓦解（虽然由于事业单位的人事制度，高年资医生跳槽离职很难，但这种情况如今也时有发生，而且高年资医生选择离开体制，独自／集体创业的例子如今也愈来愈多）。在不同的文献中，关于医生身份在过去百年间变迁的讨论不计其数。百年前，许多医生还都是个人执业，往往自家就是诊室，国人对 20 世纪六七十年代医生形象的想象也来自赤脚医生背着药箱、骑着单车出诊的情状。然而，西方国家在 20 世纪初的城市化与工业化造成了贫困人口增多、集中照管需求增加；同时，泰勒制与福特制等大工业生产制度开始逐步渗透并改变医疗行业，医疗技术大型仪器也迅速发展……这些因素都导向了医疗行业的组织与管理改革，其结果就是以现代管理、循证医学、专业细分、精尖技术为特点的现代大型医院大量出现，而医生也愈来愈多地成了在医院里领工薪的雇员，在许多方面都丧失了个人执业时代的自由决断权。他们的医疗决策不得不受到医院制度、医院建设、医疗文化、卫生政策等诸多因素的影响，同时还得应付越来越多的文书工作。

医院及科室的绩效考核体系过分依赖量化指标，这些指标不仅可能威胁到患者的照护质量，也在无形中绑架了医生，扭曲了医生的照护行为。在医生与患者及家属的沟通中，也并非只涉及疾病与疾痛、治疗与照护，还有关于医院规章、医院建设、医保制度、医疗文化等方面的问题。"做这个检查在哪里？做那个检查要去哪里？这医院大得简直跟迷宫一样。""怎么做个手术要签这么多字？""为什么非得家属签字？我就不能代表我自己签字吗？"然而，这些问题于医患双方往往都是无解的。在手术科室，当我拿着一沓知情同意书去找病人和家属签字时，我自己甚至都有些不好意思——知情同意成了另一种意义上的免责声明。

医患双方同处医院医疗这只巨兽的腹中，多少是出于无奈，而医院在医疗体制这只更大的怪兽的腹中瑟瑟发抖，多少也同样是出于无奈。只是当患者及家属初来乍到进入这只怪兽的腹中，不安地看到端坐其中的医生（实则同样不安），他们便会以为这位医生就能够代表这只肉体与情感上都吞没了他们的巨兽，以为他们就是巨兽的全部。所以，当巨兽的腹中开始分泌胃液要腐蚀他们时，医患的矛头也就互相指向了对方。这也是为何我一向认为"医患关系"这个概念并不确切，且不说从"以患者为中心的照护"角度出发对于医-患先后顺序的批判（有人提出"医患关系"应改作"患医关系"），更重要的是"医患关系"这个概念完全忽视了上述医院规章、医疗文化、卫生体制等结构性因素在其中扮演的决定性作用，使对于"医患关系"的讨论止步于医德医风建设、医学人文教育、尊医重卫倡导，等等。当然，反过来说，所有从医院管理、考评体系、建筑设计、制度改革等大小处着手推进优化就医行医环境的举措，在很大程度上也只是在改善作为结构性问题的"临床表现"的医患关系。

当然，我在本文中谈论的只涉及"医疗照护危机"的局部。在这些局部里，有尊严与隐私的无足轻重，有生命的物化，有时空的竞争与抢夺，有折叠起来的不公，有数字的霸权，有信任感的瓦解……然而，当故事结束，终究还是要回到"不该如此"的愤恨。在一篇旧文里，我曾经写过这样的句子："我一直觉得，做医生是某种'特权'——在这个去人性化的时代里，可以做点人性的事的'特权'；在这个人与人之间的关系愈发疏离的时代里，可以重新去与人建立起关系的'特权'，在这种关系中，我们可以回归到——或者至少可以触及——人与人之间的关系的本质。"当陌生人愿意在你面前露出自己柔软的腹部进行触诊，允许你把冰凉的听诊器放在他（她）的胸口，愿意开口向你诉说他（她）生命中最隐私、最个人的部分，你就知道这样的身份究竟是种怎样的"特权"，你也就知道在照护与关怀中，这个世界原来可以回归到那个"最是接近于无防备的世界"——人与人之间的信任得以重建，你、我、他、她都将不再，而只剩下一个词、一个概念、一个类别，那就是"我们"。在这个意义上，任何压缩照护空间的行为，任何褫夺照护精神的决定，任何贬低照护价值的意识形态，都是不道德、不正义的。

可是，抗争之路呢？需要知道，我们都是系统的局部，与其谈论无处着笔的"系统革命"（假使要谈也需要另文详述了），不如在我们自己的这些局部开始关于照护与关怀的"局部革命"，那么这些新的局部的总和或许最终可以成为新的系统。照护，到底是人与人之间的关系，是关于许多非常卑微且细碎的时刻，是关于陪伴、关于帮助、关于保护、关于关爱、关于关心、关于——正如凯博文在《照护》前言中所写的——"抹去他(她)额头上的汗水,换掉弄脏的床单,抚慰他(她)那惴惴不安的心,抑或是在他(她)生命的终点亲吻脸颊",是关于放下自恋的、有区别于他／她(们)的我(们),终究是关于理解、关于倾听、关于感受、关于共情。

所以,你愿意加入我们这场关于照护与关怀的"局部革命"吗?

向身体敞开：
传播学如何研究身体

刘海龙（中国人民大学新闻学院）

传播与身体有关吗？

这个质疑反映了传统传播研究中存在的盲点。受外部政治、资本权力以及实用主义哲学的影响，起源于美国的传播研究一直把注意力放在传播的效率问题上，即如何用最短的时间使内容扩散到尽可能大的空间，并取得传播者预想的效果。

传播效率涉及三个维度：空间、时间和同一性。其中，最受重视的是空间和同一性。经验主义传播研究的目标就是提高政治和商业宣传的效果，追求在最短的时间里影响最多的人。这一目标背后的传递隐喻将信息简单等同于物，制造了一个幻象：信息在传播过程中可以保真。因此，信息论、控制论及其后继者都致力于克服信息在空间扩散中发生衰减的弊病。

而在追求信息从中心向边缘撒播的过程中，身体自然就变得不受欢迎，因为它限制了信息在空间扩散的幅度。于是，"大众传播"的观念和梦想应运而生——人们希望用技术克服人类肉身的局限，实现信息在远距离空间的及时传递。

除了重视空间，经验研究还重视由传播实现的同一性。同一性是不是传播的首要目标？这个问题暂且按下不论，后文再做探讨。但即便接受了这个前提，经验研究对同一性的理解也比较表面化：它甚至不是传播研究的芝加哥学派或哈贝马斯意义上的主体间性，而是以传者为中心的"效果"，即信息接收者的心理发生传播者所期望的改变和服从。受上述对传播同一性理解的影响，身体同样变得无足轻重，甚至可能成为传播的障碍，因为同一性想消除的就是由身体边界导致的人与人的隔绝差异。对经验研究而言，理想的传播就是奥古斯丁所梦想的"没有身体的天使之间的完美交流"。

但是，上述空间和同一性的逻辑在时间维度面前遇到了困难。传者身体的缺席使得"信息可以无衰减地被传递"的幻觉被打破，语境的缺失与传播者之死让人意识到传受双方达成同一性的困难。时间属于人文学者而非通信工程师，前者对文化传承的强调，成为他们对抗后者空间扩张的最后阵地。早在 20 世纪中叶，加拿大学者伊尼斯（Harold Innis）就发出警告：现代传播技术造成的空间霸权让人们只顾关注从未踏足的远方，却忽略了周遭正在消失的地方文化和传统。恢复身体的功能是伊尼斯开出的药方。他呼吁恢复舌与脚的功能，用身体在场（脚）的口语沟通（舌）抵抗电子媒介，恢复时间维度的文化传承，而不是单纯偏向信息在空间的扩张，重建本地文化——与之相映成趣的是，麦克卢汉提出的"媒介即人的延伸"消解了身体与媒介技术的界限，将工具身体化，也将活生生的身体工具化，开创了一条与伊尼斯迥异的通向赛博格的道路。

时间不仅对传播效率提出了挑战，还动摇了原来人们认为理所当然的空间传递的正当性：如果传播不能跨越时间，是否就能像人们之前想象的那样轻易地征服空间？卡夫卡敏感地意识到，书写文化只是在制造人与幽灵的交流，而非真正的人与人的交流。这也是苏格拉底在《斐德罗篇》中表达的观念：面对面的交流就像真正的爱欲，而书写与演讲这类散播则像盲目的乱交。身体的不在场也构成了传播的焦虑。

——

细究起来，传播的同一性问题也不像之前的经验研究认为的那么简单。在经验研究中，对同一性的理解完全是心理主义的。随着对传播认识的深入，"传播效果就是心理反应"开始受到质疑。传播并不仅仅是工具性的说服——这只是站在权力一方的认识，它还是人通过沟通而共同存在的方式，关系到人与人能否通过传播相互理解、建立共同体。人与人之间为何能够交流？这一行为和人与动物、人与机器、人与外星人、人与物的沟通有何不同？身体的差异在其中起到什么作用？一旦这些问题被打开，身体与传播的关系便不能再被忽视了。

引入身体的视角后，传统传播研究的前提假设中存在的问题就无法回避了。这个前提一方面认为传播是精神交往，与身体无关，并且要在空间上超越身体的限制；另一方面认为，只有身体在场的面对面传播才是理想的传播。这一矛盾暴露出由于传播研究预设了身心二元论而导致的盲点。仿佛传播只是精神层面的交流，而身体是与此无关、可有可无的，有时甚至还会成为障碍。

但是，要说前人在思考传播问题时完全没有涉及身体，也不公平。身体作为传播研究中的一个若隐若现的话题，一直存在，只不过像"房间里的大象"，被身心二元论一叶障目而已。我们至少可以从比较成熟的研究中整理出四个有关身体与传播的话题:一是现象学的,二是符号互动论的,三是政治经济学的,四是文化人类学和文化社会学的。

胡塞尔的现象学打开了正视身体问题的大门,提出身体主体、身体是存有的媒介、身体是主体间性(共主观性)的条件等一系列和传播相关的身体命题。首先,胡塞尔注意到身体是感知的媒介,而且活生生的身体并不只是心灵的奴婢,它具有主体性,产生了对空间、节律、逻辑基本原则的感受。这一主题后来被他的忠实诠释者梅洛-庞蒂(Maurice Merleau-Ponty)发扬光大。其次,因为身体的移动造成了视点变换,对意向对象的超越才会产生。换句话说,我们看到一棵树,并不会只看到树的一面,还会想象树有各个不同的角度,从而获得一个整体的树的形象而不是多棵树的形象。这一对意向对象的超越是身体移动造成的。最后,正是因为拥有相同的身体,我们才能对他人产生第一人称的感受,达成对他者的自我体验(移情)。因此,身体是构成先验性主体间性的基础。后来,传播学芝加哥学派的米德(George H. Mead)在《心灵、自我与社会》(*Mind, Self and Society*)中把这种站在他人角度、移情的理解视为形成自我、进行人际沟通进而构成社会的前提条件。他的学生库利（Charles Cooley）在此基础上又进一步提出"镜中我"的概念，认为如果没有对他者的想象与理解，甚至都无法形成自我。

在胡塞尔的基础上，梅洛-庞蒂进一步提出了身体主体的概念，认为存在一个整体的身体场，它先于且独立于人的理性反思。换句话说，在笛卡尔的"我思故我在"之前还存在着一个"我感知故我在"——身体成为自我与外部世界之间最基本的媒介，在思考决定我们是谁之前，感知首先决定着我们如何思考。

除了将身体视为传播的基本前提，传播研究中还有一个更常见的身体概念——作为符号和象征系统的身体。在米德和布鲁默（Herbert Blumer）建立的符号互动理论中，身体的姿态被视为人际互动中的象征符号，人们必须基于对这些姿态的公共意义的理解，才能产生后续行为。这就否定了本能心理学家华生（John B. Watson）等人提出的"刺激-反应"模型，在刺激与反应之间加上了一个对意义的理解，建立起了"刺激-意义-反应"的新模型。美国微观社会学大师戈夫曼（Erving Goffman）则将这一理论继续发扬光大，他将身体视为一个复杂而微妙的符号系统，认为其中能透露出比言语更丰富、更真实的信息。按照研究跨文化传播的人类学家霍尔（Edward Hall）的说法，这是文化中"无声的语言"，当身体姿态、编码规则与语境混合在一起，就构成了复杂的隐性文化。对身体符号编码与意义的讨论是人际传播、群体传播、组织传播、跨文化传播中的核心话题，身体在其中并没有被忽略。不过，这也并不意味着身体是主角，在这些领域中，身体自身无法表达，必须被转换成表征和语言之后才能"说话"，所以是"无声的语言"。因此，这还不是真正的传播中的身体问题。

第三个比较成熟的关于身体与传播的话题来自政治经济学。劳动是身体的消耗，因此涉及"传播中的劳动"的话题多少会与身体发生联系。加拿大左派学者斯迈兹（Dallas Smythe）认为，经典马克思主义存在一个盲点，那就是对传播的忽视。斯迈兹提出的"受众商品论"扩展了经典的劳动的概念，认为广播电视受众在免费消费内容的同时，也在付出自己的注意力、身体的紧张与消耗，这和过去身体的劳动在本质上是一样的。广播电视在获得受众的注意力"劳动"后，再将其销售给广告商，从而实现商品的循环。丹·席勒（Dan Schiller）则进一步打破了体力劳动与脑力劳动的二元对立，把身体的使用与传播的隐形剥削联系在一起。霍克希尔德（Arlie Russell Hochschild）后来提出的"情感劳动"也是基于身体的损耗。这些理论都将大众传播与人际交流中的行为与身体劳动联系在一起，拓展了我们对传播和劳动的理解。

第四个在此前的传播研究中被讨论得较多的话题，是把身体视为文化与权力展开与配置的场所，这也是文化人类学、文化社会学和文化研究中经常涉及的问题。从法国人类学家莫斯（Marcel Mauss）开始，很多学者便意识到身体并非自然物，而是由文化建构的。虽然身体的生理构造一样，但对其的使用方式却是由文化决定的。因此，当不同文化产生冲突时，身体就成了文化与权力争夺的空间。福柯提出的身体规训、埃利亚斯发现的文明与野蛮在身体上的消长、布尔迪厄所说的惯习、文化研究中发现的亚文化青年通过对身体的另类使用而进行的文化抗争、女性主义对女性身体上体现的男性霸权的批判，都体现了这一主题。这些文化与权力如何争夺身体，如何通过各种传播媒介获得对身体的掌控权，在传播批判理论与文化理论中都比较常见。

在以上四个有关身体与传播的话题中，身体并不是主角，而是扮演着工具或符号的次要角色，人们很少意识到身体与传播密不可分。身体处于传播研究的背景中，它经常是被决定或被影响的因变量、传递影响的中介变量，或者只是一个符号，身体本身一直沉默不语。下面要讨论的五个有待探索的研究主题和上述四个传统话题则有所不同，它们均将身体置于核心位置，从身体的基础性和可供性（affordance）出发，探讨了身体通过传播对人的存在状况产生的影响。

以身体为中介来观察传播，并非要单纯地探讨身体，而是通过释放身体的多种可能性来解决传播研究中存在的问题。反之，对传播问题的深入理解也会反哺身体理论。

第一个主题是，在一定的传播技术条件下，作为感官的身体会使人的生存方式发生什么变化。这个主题可以追溯到本雅明，他一反常识地将身体感官提升到与理性思考相同的地位，而且就像他在《机械复制时代的艺术作品》中表达的立场一样，他对技术的解放潜力充满乐观。本雅明非常肯定现代城市中碎片化身体体验的意义，认为它们将走出光学深思的"形而上学唯物主义"传统，确立"人类学唯物主义"的新原则，而后者基于与复杂游戏空间交织在一起的集体触觉分心，这个空间是由技术、图像和身体三个维度构成的空间。维利里奥（Paul Virilio）所提的"速度学""消失的美学"等，也都是从身体媒介的感觉与体验的角度来解析技术带来的影响的。

在网络时代和即将到来的虚拟时代，当身体的感官可以被模拟，将会对人的经验、记忆和主体性产生何种影响，这是一个巨大且重要的话题。在目前的技术条件下，视觉、听觉以及身体的运动感均可以通过技术加以模拟，但尚有触觉和味觉的模拟未被突破。传播学学者孙玮提出了"赛博人"的概念，用来描述这种现实与虚拟的界限被打破后会出现的新型主体。在迷你剧《黑镜》（*Black Mirror*）中就曾多次出现类似的主题，比如2019年开播的第五季中的《蛇斗》（*Striking Vipers*）一集即提出了一个有趣的问题：当人的虚拟身体与原生肉身差异巨大时，虚拟身体是否会产生新的自我，这个自我与原生的自我是什么关系？剧中男主人公爱上的不是自己的同性室友，而是游戏中拥有虚拟女性身体的室友，并且游戏中的虚拟身体也改变了室友的主体性（至少在游戏中）——这是个颇有梅洛-庞蒂风格的推论，但不能肯定的是，梅洛-庞蒂是否会同意虚拟身体与肉身具有相同的身体场乃至身体主体。当然，沿着这个思路继续思考下去，更疯狂的还有完全放弃原生肉身，以虚拟数字身体存在的"上载新生"。这种数字化的"缸中之脑"如果拥有虚拟身体，是否能够构成完整的"人"？

即使不走这种科幻路线的玄想，虚拟世界中的体验与记忆是否会重塑主体？如果这些栩栩如生的感觉被沉淀为记忆，并与现实记忆混淆在一起共同改变人性，我们是否要用同样的规则来约束虚拟世界中的行为？

第二个主题是，在感知和沟通中将身体作为隐喻向世界投射时，人会如何影响沟通过程。人们总是将身体作为中介来理解世界、谈论世界、与人交往、与世界打交道，这就是沟通态的身体。这一主题源自维柯（Giambattista Vico）的思考。他在探讨人类原始的诗性逻辑时说道："人在无知中就把他自己当作权衡世间一切事物的标准。……人在不理解时却凭自己来造出事物，而且通过把自己变形成事物，也就变成了那些事物。"我们会用山顶（头）、山腰、山脚这类身体隐喻来理解世界，将口、手、齿，甚至身体感觉投射到外部世界。提出"人是通过隐喻认知世界"的哲学家莱考夫（George Lakoff）等人后来在《肉身哲学》（*Philosophy in the Flesh：The Embodied Mind and Its Challenge to Western Thought*）中修正了自己的观点，认为人类语言认知中的所有隐喻均源自身体隐喻。我们的颜色概念、基本层次范畴、空间关系概念（容器图式、来源-路径-目标图式、身体投射等）都来自身体体验，这和前文提到的胡塞尔关于"身体感知是所有科学观念（如点、线、平面、逻辑规则等）的源泉"的观点殊途同归。奥尼尔（John O'Neill）在《身体五态》（*Five Bodies：Re-figuring Relationships*）

中提出的世界态身体、社会态身体、政治态身体，均可被看成这种身体隐喻在不同领域的投射。

李维斯（Byron Reeves）和纳斯（Clifford Nass）通过实验发现，这种身体隐喻并不只表现在语言认知方面，人在同机器和电子设备打交道的过程中，也会下意识地将其当作人进行互动。他们将这一现象命名为"媒体等同"（media equation）。相比于人与真实的人、真实的空间共同生活的长达几百万年的历史，人与电影、电视、电脑等打交道的时间只有一百多年。理性上，我们把机器看成由程序支配的工具，但下意识里，我们仍然把它们当成人来交往。我们在电脑中的重要文档被损坏时会打骂电脑，在看恐怖片时会感到害怕，这些下意识的反应都是媒体等同的表现。

第三个主题是，作为传播的基础设施和条件的身体会对人的交往和传播的方式、质量产生什么影响。在思想史上，将身体与技术二分的观点由来已久，身体往往成为批判技术负面影响的参照。其中最有名的是卢梭对科学技术的批判，他认为是技术导致了高贵的野蛮人的堕落。但是法国人类学家勒鲁瓦-古尔汉（André Leroi-Gourhan）提出身体本身就是人类最基本的技术设施，在演化的过程中，我们不断地对其进行升级改造，从直立行走到使用工具和火，随着身体结构的不断变化，我们使用身体的方式也在变迁，它们一起形塑了人类的生存方式。彼得斯（John D. Peters）在《奇云》（*The Marvelous Clouds: Toward a Philosophy of Elemental Media*）中对鲸鱼身体的研究和戈弗雷－史密斯（Peter Godfrey-Smith）在《章鱼的心灵》（*Other Minds: The Octopus, the Sea, and the Deep Origins of Consciousness*）中对章鱼身体的研究，反向证明了身体对心智的巨大影响。作为人类最重要的基础设施，身体经常会被当成理所当然的东西，麦克卢汉所说的"媒介是人的延伸"则打破了这种二分，作为基础设施的身体与技术其实并无本质区别。

惠施在与庄子辩论时所说的"子非鱼，安知鱼之乐"，形象地道出了身体作为传播的基础设施所起的重要作用。主体间性（共主观性）的基础是身体间性，正如前文中胡塞尔提到的，身体相同是主体以第一人称方式理解他者的重要前提。我们未必能完全理解他人，但是身体结构的相同让我们相信自己有可能理解他人的悲欢离合。也正因为如此，几千年来人类才会通过讲故事的方式同情并理解他人。同样，因为存在身体的差异，我们同动物、机器、外星人之间的交流就会显得困难重重。

不过，上述判断对"理解"有一个不易察觉的预设："理解"是胡塞尔的"第一人称"的移情或哈贝马斯的"交往理性"，即主体与他者之间达到完全的同一。法国哲学家南希（Jean-Luc Nancy）提出的"共通体"对此进行了质疑：没有心灵的完全同一，通过身体的打开与连接是否也能够构造团结？这似乎和孔子所说的"和而不同"殊途同归，现实中也不乏这样的例子。在 AlphaGo 横空出世后诞生了许多类似的围棋 AI（人工智能），人类棋手使用它们进行日常训练（多次互动）后，尽管无法真正做到像算法那样处理数据，也无法真正理解算法的具体过程，但是职业棋手可以通过自己能够理解的棋理，下出愈趋接近 AI 推荐的着法。国内围棋等级分位居前列的柯洁在接受采访时就曾感叹：过去赢其他棋手非常容易，现在则越来越难，因为大家下的棋都越来越接近 AI。通过非第一人称的理解，人类与 AI 也可以达到准同一性，这是否意味着一种新的"理解"概念？在人与宠物之间其实也存在着类似的默契，这说明"共通体"并不只是一种理想。

第三个主题还可以延伸出另一个有趣的问题：如果说身体是心灵的基础设施，那么 AI 是否需要一个身体，这个身体与人类的身体有何不同？普法伊弗尔（Rolf Pfeifer）

和邦加（Josh Bongard）在《身体的智能》（*How the Body Shapes the Way We Think*）一书中基于具身性理论，反过来认为机器也必须拥有身体才能拥有真正的智能。换句话说，人工智能不仅需要大脑，还需要身体。这为我们理解作为基础设施的身体又提供了一个新角度。

第四个主题来自人类学，探讨的是身体实践如何影响习惯-记忆。关于记忆的研究近年比较热，历史学和传播学界都关注于此，有的把记忆解释为个人的记忆，有的把它理解为认知的编码，有的把它解释为大众媒体或网络中留存的文本，有的把它解释为物质载体或空间。但是，目前学术界对记忆的探讨有过于偏重文本化的倾向，常常忽略了身体的维度。美国人类学家康纳顿（Paul Connerton）在《社会如何记忆》（*How Societies Remember*）中提出了"习惯-记忆"的概念，即记忆也可以通过身体实践加以保存——就像布尔迪厄所说的惯习一样，通过仪式中的身体操演，形成文化与实践的记忆和再现操演的能力。纪念仪式的基础是身体，其中操演记忆是身体性的。因此，身体实践既是记忆的载体，也是它的表征。比如，通过身体姿态实践来操演社会等级，通过身体举止仪态来表达某种象征资本。书写、绘画或者键盘输入经过长期的练习，形成的"肌肉记忆"就是身体记忆。

莫斯所说的不同文化中的身体技术，实质上也是身体习惯的记忆。

第五个主题关注的是身体之间、身体与世界的联结与情动（affect）。身体因具有物质性、可移动性、可联结性、可数据化等特征，而成为联结人与网络系统的中介。身体具有物质性，我们的手指、声音、脸等成为联结机器与人的中介。身体作为网络的延伸，可以感知和搜集网络没有的信息，并将现实转译为网络可以识别的数据。比如，人肉搜索、人工内容审查（鉴别黄色、暴力内容）、通过人的身体移动产生的交通大数据等，就是这一"网络化身体"（networked body）的体现。网络化和数字化虽然节省了人类的劳动，但是又创造出了许多新的"幽灵工作"（ghost work），这些身体就像18世纪会下象棋的"土耳其机器人"里的象棋高手一样，隐藏在机器后面做着隐性的工作。除了可以帮助网络进行数据感知和判断，身体还可以作为网络的"假肢"作用于现实，比如快递骑手、网约车司机、网络代练（金币农夫）等。因此，我们提出"网络化身体"的概念来解释上述现象。具体来说，网络化身体指的是接入网络、成为网络的延伸、与网络融为一体的身体。身体与网络相互影响，互相建构，身体不再是自足的肉体，而是有了网络的特征，同时网络也具有了"世界之肉"的特征。

　　人的身体除了可以通过技术进行联结并和网络整合为网络化身体外，身体之间还能以情动这一独特方式建立联结。斯宾诺莎反对笛卡尔的理性心灵主体，他提出，身体接触产生的情感也可以构成情感主体。德勒兹在此基础上提出情感与身体的力量、强度有关。因此生物之间的联结未必要通过心灵，身体足以建立这种联结。媒介考古学家帕里卡（Jussi Parikka）提出的"昆虫媒介"，揭示的就是昆虫之间通过情动建立联结而采取集体行动的现象。如果将昆虫和技术都视为他者，对昆虫的研究将有助于我们重新理解媒介技术。

　　当然，传播研究中的身体议题远不止于以上提到的四个传统话题和五个有待探索的话题，传播研究一旦向身体敞开，传播和媒介的概念就会焕然一新，尤其会为我们理解新技术条件下的传播提供大量令人耳目一新的思路。

我们的未来，很可能是一个残障的未来
——对话弗吉尼亚理工大学教授阿什利·修

李 子（佐治亚理工学院科学、技术与社会博士在读）

　　2020 年 3 月底，新冠肺炎疫情在美国迅速扩散，像一场飓风，把每个人的生活节奏吹得七零八落，许多工作也因此陷入了停滞。当每个人都在拼命适应远程工作、熟悉网络会议、调整居家办公节奏、平衡工作与生活时，弗吉尼亚理工大学技术哲学教授阿什利·修（Ashley Shew）领导的研究小组却没怎么受到疫情的影响，因为他们早已熟悉远程、分散、灵活的工作模式。"我们对疫情的影响完全'免疫'（pandemic-proof）了。"

修的小组的研究课题是"残障经验与技术想象"，她从美国国家科学基金会（NSF）申请到了一项五年研究基金，参与研究的研究生和合作者中也有许多残障人士。这个小组的大部分工作都在线上完成，工作的内容和权责分配尽可能细致、渐进，并留有各种补充预案，小组中的每个人都有自由安排日程的权利，彼此之间的合作也是灵活、分散的。让人没有料到的是，原本用来照顾残障人士的病痛和不便的灵活工作模式，竟然成了许多健全人长达一年（甚至更长）的工作日常。

　　在 Zoom 视频会议的界面里，我见到了修本人，她神采奕奕，十分健谈。从事残障技术研究的修也是一名残障人士，博士毕业后不久，她便被确诊患有一种罕见的骨癌，左脚脚踝及以下被迫截肢。此后，她的病情又经历了反复，癌细胞扩散至肺，在多轮手术和化疗之后，病情才趋于稳定，但她的听力却受到了极大影响，不得不戴上了助听器。修调侃自己是"被化疗'眷顾'的、耳朵不好使的截肢者"（a hard-of-hearing amputee battered by chemotherapy and more）。

　　因为这场巨大的不幸而"拥有"了残障经验的她，将研究方向转向了残障身体与技术哲学的交叉领域。对她而言，这不仅是学术研究，亦是对自身体验和经历的深刻思考。站在残障人士的角度，她对身体和身体-技术关系的理解，是非残障人士在日常生活里无法切身体会的。

一般人可能会觉得，残障人士最需要的是来自他人的关爱，需要仰仗各种肉体上、技术上的帮助，才能过上"正常"的生活。而在修看来，这样的技术出发点或许有点高傲了。每个残障人士都有自己接触、适应社会以及使用技术的一套方式，他们对所谓"缺陷"的认知，恰恰不是"缺陷"本身，而是一具独一无二的身体在各种环境中表现出来的长处和不足。从这个角度来看，没有人拥有所谓"标准"的身体，更没有一成不变的环境，每个人都有不适、缺陷的时刻，亦会经历适应的过程，残障人士的经验则是将这些时刻和过程放大、日常化了。这些适应的方式与经验，以及如何让技术去适应人的需求，对所谓健全人的社会亦有着相当大的启发。

谈到工作，修坦言，在申请 NSF 的五年基金的时候，她无法想象五年以后的自己会是什么样的——特别是对一个癌症患者而言。一切都必须灵活，不能固定在一个地点，必须考虑到参与者工作可能的中断甚至终止，因为这些情况对于残障人士来说都是家常便饭。2020 年 6 月，修在《自然》杂志上发表了一篇评论。她谈到，不期而至的疫情将每个人困在家里，成了"行动不便"的人。接踵而至的各种灵活安排与折中，是残障学者长期以来一直在努力争取的。一个按下暂停键的社会，让人们更多地去思考工作的模式和可能性，而非沉迷于追求"生产力"。"让残障人士加入董事会、团队、研究小组，向我们学习。"修写道，"必须成为技术发明的主人而不是对象，这一点我们早就意识到了，而疫情让它的价值更加凸显了。"

残障人士和技术的关系是怎样的？它与普通人之间又有什么联系？

阿什利·修：我所做的研究，一部分是关于社会对残障人士的技术想象的。常见的叙事是，先进科技的发展如英雄降临一般给残障人士带来了福音。残障人士仅仅是这些技术的被动接收者，这种叙事是不对的。相反，残障人士创造、影响着技术的发展，制造自己的设备，甚至 hack（黑客式的改造）现有的技术系统，以自己的方式使用技术，重塑许多东西。许多东西都是残障人士发明的，比如"重力毯"，它并不是一般人为有睡眠障碍或者孤独症的人发明的，而是这些人自己发现，如果有重物压在身上，会睡得好一些，然后在他们自己的社群里传开来。

有趣的是，现在社会里的健全人实际上也受惠于残障人士在过去所做的协商与争取，很多东西已经不再被认为是"残障人士专用"的了。比如电视隐藏式字幕（closed caption），此前一直是残障（聋哑）人士在用，当时甚至引发过政治上的辩论，因为很多人觉得这项服务太贵了。但你现在走进机场、健身房等（电视没有办法播出声音的）地方，就会看到这些字幕在起作用。很多人不知道，吸管一开始也是医院发明出来给病人饮水用的。这些都是所谓的"人行道斜坡现象"（curb-cut effect）——人行道斜坡一开始是为了方便残障人士出行，但是现在送快递的、拉行李的、推婴儿车的……很多其他人也都在使用。

这就和我们所谓的"普适设计"（universal design）相关了，一个东西在被设计的时候考虑的是使用不便的人，或者考虑尽可能让所有人都可以使用。技术哲学家怎么看这个概念？

阿什利·修：我对"普适设计"这个词的感情其实比较复杂。我的确非常喜欢普适设计的理念，但是作为一个和别的残障人士共事的残障人士，我常常认识到我的使用需求和其他人的需求有可能是相冲突的。普适设计这个概念通常不会顾及冲突的部分，或者并不主张"灵活解决""多用"。即使是人行道斜坡，也会为一些人带来麻烦。盲道在路沿的凸起可以方便盲人，让他们不至于走到马路上去，但是对使用轮椅或者拐杖的人来说就会很难受。所以有多种选择是很重要的。

我认为，对技术的使用，很多时候需要协商，各方获取使用权是一个过程。普适设计会给人一种错觉，好像只要把普适的技术发明出来，问题就解决了。技术哲学也经常探讨一种技术是如何失败的，即它如何没能满足人们的需求。技术不是好的，也不是坏的，甚至不是中立的，而是一直在改变的，也没有真正绝对"普适"的技术。

所以"普适"其实是个迷思，技术是在协商的过程中诞生的。

阿什利·修：是的。很多时候人们想要帮助残障人士，但这些项目都不是残障人士主导的，只是说"我们邀请残障人士来参与测试"，这种"邀请"的话术，隐含了某种权力结构。

没有残障人士协商、参与的残障技术，存在什么问题？

阿什利·修：许多人，特别是健全人，从一个好的出发点"为残障人士"设计的技术，有时候却难以避免地成了对残障人士来说很糟糕的技术。很多时候我们一看就知道，这不是残障人士设计的东西。社会有时也会非常推崇一些技术，比如外骨骼，来帮助残障人士"站起来"。但真正的残障人士看了，就会觉得太好笑了。我的一个残障学生在课上抱怨说：穿着外骨骼怎么上厕所？都坐不到马桶上去，没法满足这项基本的人类需求。如果要上厕所，得先从外骨骼里出来，（事情）反而更复杂了。穿着外骨骼走在街上很风光，但轮椅使用者们更希望出现的是让他们上厕所更方便的技术。

这里面就隐含着一种价值观。健全人认为，轮椅使用者"不能站起来走路"是主要问题，觉得"坐轮椅"是不好的，是低人一等的。但许多轮椅使用者都挺喜欢他们的轮椅的，坐着轮椅可以去各种地方，对他们来说，轮椅才是解放自身的技术。当然也有很多人想摆脱轮椅，很多轮椅使用者其实也能站立，只是站不了太久或者站起来会有危险。这些可能都是设计外骨骼的人没有想到的。外骨骼是个好的技术，比如，它可以帮助一些复健的病人重新习惯走路。但最后，他

们还是得从里面出来，摇着自己的轮椅回家。（笑）

您曾把对这种"摆脱残障"的技术的想象描述为"技术体能歧视"（technoableism）。健全人总是想象残障人士需要摆脱残障站起来，这是一种"体能歧视"（ableism）吗？

阿什利·修：对，"技术体能歧视"是我在总结关于残障的技术研究之后提出的一个名词。很多人都表达过相同的意思，我只是把它用一个词说了出来。所谓"体能歧视"，是对残障身体的内在偏见，认为残障人士的生命是残缺的，这种偏见在社会结构中无处不在。而"技术体能歧视"则是"体能歧视"在技术发展中的体现，也包括我们对这些技术的叙事。很多时候，与残障有关的技术的发明被描述为给残障人士"赋能"（empowering），"我们造了这么一种技术，能让你更有能力"，你能看到很多这样的话术，包括在各种广告里。这些话术其实暗含着一个假设，即肢体的残缺会影响一个人对自己作为"人"的感受；残障对人的玷污需要被技术救赎，甚至带有点儿宗教意味。而一旦有了这么一种技术，残障人士突然就被解放了，变得健全了；残障人士只是这些技术的被动接受者而已。这种思维充斥于各种技术中。

但人与技术的关系比这更复杂，有着各种学习、协商和适应的过程。（二者的关系）有时一开始是好的，但考虑到技术的维护、电池的寿命等，则并不总能一直这样维持下去。即使是轮椅，修理起来也非常麻烦，有时要花上几个月时间。技术并不是让这些残障、残缺在一秒钟之内就消失了，而是需要适应残障人士所有的身体现状。残障人士自身并不是在被动接受这些技术，而是技术过程的一部分。

人和技术适应的过程很重要。

阿什利·修：残障人士无时无刻不在适应周边的环境。作为残障人士群体中的一员，我们会互相探讨，向彼此学习各种应对方法，即使我们不是同一种残障类型。我和一个在组织残障人士活动时认识的好友就是这样，虽然我们残障的部分非常不同，但我们在交流中互相学习如何处理疼痛，我学到了可以在紧身裤里贴暖宝宝，这特别管用。这就是我们所进行的技术探讨，而它解决了我当时面临的一个非常实际的问题——天气变化时关节疼痛怎么办。我们在帮助对方适应，而不是健全人拿着一个东西过来说"快用这个技术"。

互助也是我们残障人士社群文化中的一部分。我们都熟知海伦·凯勒的故事，但你知道吗，一直在帮助海伦的沙利文老师也是盲人！她俩是一生的挚友，生活在一起。这是一个有关残障人士之间的友情的故事，而不一定是我们所熟悉的《假如给我三天光明》的故事。

您认为残障人士对自己身体、身心的了解要胜于健全人。如果有一天我们需要去火星，他们会适应得更快吗？

阿什利·修：对很多残障人士来讲，我们必须知晓自己身体的各种细节，以及各种被认为"不正常"的地方。我们的日常，就是处理自身与周边世界的冲突。这适用于各种残障。这意味着我们会投射很多注意力在我们的身体上，注意到类似"屋子里灯光太亮了，弄得我有些偏头疼，能否调暗一点儿"等情况。我们之间会分享这些细节，然后彼此协调，或许会找一个不那么亮的地方或者气味不那么重的地方开会，诸如此类。我们知道，这些环境对正常人来说也不一定代表着舒适，但对残障人士来说则更糟。我们需要沟通以获取资源。

此外，我们也很擅长寻找变通方案，如果身体和环境陷入冲突，我们就必须找到别的解决方式，这些都是健全人可能很少想到的事情。残障人士在计划事情时，会考虑到自己没有一个稳定的身体或者心理状态，需要随时调整。比如，过去一年大家都在用Zoom，而我在和小组成员开会时，大家会更愿意关掉摄像头——有时候是因为觉得状态不好，不愿意出镜。这在我们那里是被允许的。实际上，我在座位旁边放了一个枕头，可以随时躺下。如果你处于疼痛中，当摄像头开着，你又必须装作听讲的样子，反而更听不进去。在镜头照不到的地方，不用按照规范的、严格的规则行事，我们可以更好地照顾自己的身体。

就如印第安纳大学女性研究教授阿利森·凯佛（Alison Kafer）所说，"我们需要让钟表和时间去顺应身体，而不是让身体去屈服于钟表的节奏"（We bend clocks to meet our bodies, instead of bending bodies to meet clocks）。我们也需要原谅自己偶尔无法准时，甚至会忘记日期和时间，这就像有些小孩子那样，并不会照着一个时间表，按部就班，或者像一些罕见病患者一样，会提前衰老，和"正常"的社会时间表并不同步。这就是所谓的"残障时间"（Crip Time）。这些不是我们作为人的失败，而是客观存在的困难。我们得接受这些事实，帮助自己卸下一些内在的、"体能歧视"的心理负担。

在未来，残障研究还会给整个社会带来怎样的启示？

阿什利·修：人们经常有这样的幻想：未来，所有的疾病都会被治愈，我们的世界会变好。但现实并非如此，我们不可能、不需要也不应该把"残障"二字抹去。进入老龄化社会，会有更多行动不便的人；气候变化、越来越频繁的自然灾害、环境污染，再加上疫情等等，让很多人出现长期病状……这些都会导致更多残障出现。你刚刚提到火星，我们还要进行星际旅行，在没有重力的环境里，人的肌肉会萎缩，压力的变化会影响视力……星际旅行后人们回到地球需要经历重新适应的过程，与残障人士适应环境的过程或许没有太大差别。

总之，当身体和环境不匹配时，人就会体验到和残障类似的经历。我们的未来，很可能就是一个"残障"的未来。这是我们需要认识、需要接受的。

第二篇

————

重新连接

当人类学面对"动物他者"

周雨霏（伦敦政治经济学院人类学系博士在读）

我是一个人类学专业的博士生，但我的博士论文是关于狗的。确切地说，是有关藏獒经济中的人狗关系。所以，我的田野调查有大概一半的时间是在藏獒养殖场里度过的。我在不同的狗场里学习喂狗、配种、接生、治病，把狗装箱、运到机场、发往买家所在的城市。另一半时间，我在草原上晃悠，观察和体验藏族牧民与他们的护卫犬之间的共处。换句话说，就是试图追溯这些被唤作"藏獒"、被内地乃至国际市场赋予（过）高昂价格的动物，进入产业链之前的生活。

市场与牧区相距遥远，在两个世界间折返往复的我时常感到陌生和撕扯。但很多时候，我又真切地感到它们是一体的。最近一次强烈的"一体性"体验发生在上周。那是一个安静的下午。我在这家位于牧区县城的狗场住了三个月，狗们都已经认识我，见到我不会再大吼大叫，这会儿全在狗圈里懒散地趴着。我和狗场老板正蹲着看一条晒太阳的狗。它舒展四肢，在雪地里蹭来蹭去挠痒痒。此情此景如此安宁、祥和，直到老板突然叫了起来。他从喉咙里发出一种"喝喝"的声音，音量不大，但顿挫有力。几声之后，面前这条狗突然弹起来站直了。它睁大眼睛环顾四周，也从喉咙里发出低沉的怒吼，仿佛随时会对一个逼近的敌人发起进攻。不只是它，整个狗场都沸腾了，所有狗都站了起来，警觉地观察着、低吼着。

　　老板得意地说，这是我们藏族牧民每天晚上给自己的狗交代工作的方式，意思是我要睡了，现在换你来保卫这个家。狗一听到这种声音，工作积极性立马就被调动起来，开始专注地搜寻小偷和狼的踪迹，准备战斗，直到天亮后主人端来食物，摸摸它的头表示感谢。这是一种牧区"语言"，而此刻在这个由砖墙和铁栏铸成的狗场里，它像一句咒语，唤醒了这些狗身体里的某种"牧区性"。它们中的有些本就出生在狗场里，是繁育养殖的成果，从未履行过草原护卫犬的本职，但此刻它们的身体也都对这种"语言"做出了明确的反应，仿佛它们身处市场的旋涡，却冥冥中记得其来自牧区的使命……

人叫声、狗叫声，将我淹没。我突然体会到一种田野"上身"了的感觉。这些叫声不仅仅是牧区与市场之间的纽带，更是人与狗（字面意义上）的共鸣。而作为一个"狗博士"，第三种层面上的"一体性"让我更为兴奋，那就是理论与经验之间的对接——这一刻我不得不相信物种间民族志（interspecies ethnography）[1] 的真实性。

物种间民族志或"动物转向"[2]，是人类学近年来诸多理论"转向"中的一个。一批学者提议不再将人类作为人类学唯一的研究对象，而是去探讨人与其他物种之间的多样关系。不过，许多人对此抱有怀疑，毕竟"人类学"以及所有其他人文社会学科的自我定位，正是立足于人类与其他动物的不同。例如，卡西尔（Ernst Cassirer）在《人论》（*An Essay on Man*）中就将人定义为具有（其他动物所不具有的）符号能力的动物，所以研究人类需要一套（不适用于研究其他动物的）符号的方法。那么，物种间的研究方法应该是什么？同时，物种间民族志的所谓新颖性也令人不安。它是否够格成为一次"转向",而非又一轮自说自话的语言游戏?

几年前我开始为自己的博士申请寻找题目时,对刚刚接触到的物种间民族志也感到一种不安的着迷。这种不安的根源正在于,它对我的吸引力仅仅停留在理论层面。在都市中成长、求学的我,对现实生活中人与动物的关系所知甚少。用维特根斯坦的一个比喻来说,那是一种"溜冰"的快感,与"粗糙的大地"无关。

有趣的是,当我进入田野之后,虽然报道人(养殖户、牧民、藏獒爱好者等,即为田野调查者提供信息的人)也对我的研究有所疑惑,可当我说出"人与动物关系"时,他们大都"哦……"地明白了,而不是抓着我追问为什么人类学非要研究动物。他们似乎比我的同行更容易接受"物种间民族志"。对于置身物种间互动的第一现场却不懂人类学的人来说,这一话题的价值不证自明;那么为什么对于催生出了物种间民族志的人类学传统而言,它就面临了合法性挑战?

从人类学发展的脉络来看,对物种间民族志最简单的一种质疑可能是,人类学从诞生之初就一直在研究动物,不论是埃文斯-普理查德(E. E. Evans-Pritchard)的努尔牛[3],还是列维-斯特劳斯(Claude Levi-Strauss)的图腾[4]。所以又有什么必要为其起一个花哨的新名字?

诚然,过往的人类学研究中从来都不缺乏对动物的讨论,但这些讨论具有显著的局限性。穆林(Molly H. Mullin)曾总结道:人类学家对"人与动物关系"的好奇往往并不在其本身,而是将其作为思考人类社会其他方面的一个"窗口"。该"窗口"常以三种形式出现:象征、功用和价值。在象征主义、结构主义及其后阐释主义的脉络中,人类学家对于各种动物作为符号在本地社会中指涉的文化内涵进行过详细的解读。例如,格尔茨(Clifford Geertz)认为,斗鸡是巴厘岛男性自我投射的载体,展示了他们的身份等级关系。而以功能主义为特征的学派则更看重动物对人类社会而言具有怎样的实际功用。例如,以拉帕波特(Roy A. Rappaport)与哈里斯(Marvin Harris)为代表的生态人类学家对动物的宗教、仪式功能进行了生态学意义上的解释。除此之外,对动物的研究还可以被置于物质文化研究以及"物的社会生命"的概念框架中,去探讨动物商品化的方式及其中价值的来源与转变,如肉类、皮草等商品如何被制造和消费等。

然而,不论是解读动物的文化意涵,分析动物对于生产、生活、社会结构的功用,还是追溯动物的商业价值,都仅仅涉及现实中人与动物关系的很小一部分。从中文角度来看,它们似乎都过于看重"动物"概念中"物"的方面。动物所具有的生命、心智等特征很少被当作分析对象，更不用说每个动物的个体身份了。实际上，在象征、功用和价值之外，现实中人与动物的关系还可能包含沟通、情感、伦理等社会性方面——动物不仅仅是"思考的对象"（good to think），更可以是"生活的同伴"（good to live with）——而这正是近年来兴起的物种间民族志想要强调和问题化的面向。

诚然，"物的社会生命"的表述也使用了"社会"一词。但从这种研究的展开方式来看，其"社会"概念中的隐喻成分似乎多过分析性。其探讨的与其说是物的社会生活，不如说是人类社会生活中的物，因为人与物的所谓"社会"关系跟人际社会关系并不同质。实际上，它暗示了一个原本就存在的、自持的人类世界，其本质是社会的、文化的；而一切非人（包括动物）在其中的存在，则是异质性，甚至是入侵性的。只有在这样的意义上，所谓"物的社会生命"才显出新颖。而物种间民族志提出的反驳正是，在很多文化传统和社会情境中，动物（以及其他各种非人类存在）本就是社会生活的直接参与者，并不事先存在一种全人类普遍共享的"人／物"二分预设。

这尤其体现在"物种间民族志"的关键词——"间"

（inter-）字上。它不同于"多物种民族志"（multi-species ethnography）中"多"的概念，后者暗示仅仅需要将越来越多的其他物种包括进民族志就够了。然而物种"间"性所捕捉的不仅仅是物种的数量，更是不同物种之间面对面的相遇。正如同德里达洗澡时突然看到他的猫正在盯着他——这样的相遇涉及主体间的交往和互动 [5]。

还记得一年多以前，我刚开始从事这项田野调查时与藏獒的相遇。它们对我宣泄而出的愤怒与敌意，跟一个月之后逐步的熟悉、信赖和亲密，二者是那么不同，又都是那么真实、具体。在这样的田野场景中，我无法再将狗仅仅视为研究的背景或道具，一个所谓价值的载体、意义的矛盾体，去说明或烘托其"背后"承载或隐藏的什么更"重要"的问题。相反，它们必须成为这项研究的主角之一，成为人类学凝视和反思的对象，成为人类"自我"的"他者"。

一个伴随而生的问题来自庄子的比喻："子非鱼，焉知鱼之乐？"这种观念认为，动物终究是人所不可理解的。因此，物种间的"巴别塔"是否会成为人类对动物他者进行研究的根本障碍？毕竟就人类学而言，其主要研究方法是参与观察——是通过与人互动、交流、交往来理解对方言说与行为的意义，这一方法显然无法被运用于动物。所以就方法论而言，动物是否有资格成为人类学的"他者"？

　　这种质疑可能恰是源于对物种间民族志抱有"过高"的期待，认为人类学可以将其本就具有局限性的研究方法直接扩展至非人类对象。事实上，物种间民族志从来都未声称要转行去做"动物研究"。这种高傲如果存在，也是因为忽视了动物行为、心埋与认知研究等领域一直以来对于理解动物所做出的努力及其积累的成果。事实上，物种间研究的主要目标仍然是理解人类。只不过此时的人类，是身处物种间关系中的人类。

　　物种间关系中的人类不同于过往人类学视角中那个独立、强大、作为统治者的人类形象。在这里，哈拉维（Donna J. Haraway）提出的"伴生物种"（companion species）概念或许能够帮助我们更好地理解。例如，狗的驯化历史实际上是人类与狼之间的相互选择与互动，而非完全由人类主观能动性带动的单向控制过程。许多研究——如雷蒙德·科平格（Raymond Coppinger）和洛娜·科平格（Lorna Coppinger）的 *What Is a Dog？*（《什么是狗》）一书——都指出，在人与犬类祖先最初的接触中，是一小部分性格较温和的狼主动靠近人类寻求食物和庇护，而人对这个过程做出的最初努力不过是被动接受。在这样的意义上说，不仅仅是人"驯化"了狗，更是狗"驯化"了人。驯化是一种双向的物种间关系生成过程——不是静态的 relationship（关系），更是动态的 relating（关联，产生关系）。从而，人与狗成了彼此"伴生"的物种。如此来看，所谓的"人类"概念（即便是人类学意义上的）也绝非孤立自足。人类自始至终都置身于各种各样的物种间关系中，如驯服、杀戮、交流、情感、共生、互惠性、亲属、合作、模仿、冲突、宰制等——如此才成其为人。而物种间民族志所要回答的问题，就是在各种社会／文化情境中，人与其他动物建立了哪些不同的关联方式，对彼此尤其是对人类产生了什么影响。

这些影响不仅仅是被动的、潜移默化的或结构性的，更是伴随着人与动物的各种形式的主动沟通。不同于庄子式的"动物不可知论"，或笛卡尔式的"动物机器论"，不论是生活经验还是当下的认知科学研究似乎都告诉我们，人总是在通过各种方式试图理解动物。库里克（Don Kulick）在2017年发表的"Human-Animal Communication"（《人类与动物的沟通》）一文中列举了民族志中出现的人与动物沟通的六种方式——认知、通灵、心理、互动、本体论与伦理，不论哪一种都是源自"人想要与动物沟通"的根本渴望。人与动物沟通的尝试因而具有经验性，可以成为经验研究的对象。

不过这种经验性也决定了人类学视野中的"人与动物的可沟通性"并不同于动物伦理学等学科对其的关注方式。后者作为动物福利／权利保护运动、环境保护运动等实践活动的理论基础，对于动物的心智、感知、需求等方面进行了普遍意义上的探究和价值导向的呼吁。例如，由彼得·辛格于20世纪70年代引领的"动物解放运动"就断定动物能够体验情感，尤其是痛苦，因此其权利需要得到保障。而人类学对于动物的研究虽然也包含对各种哲学传统的借鉴和探讨，但在方法论上则需要秉持经验科学的进路。固然，人类学的文化批判可以为现实政治提供各种现有制度与观念框架之上的可能性想象，但这必须基于对民族志特殊性与跨文化比较的忠实。因此，物种间民族志关注的对象，是现实中的人为了与动物相互理解、共同生活而进行的多样实践。

而这种多样性也就意味着，人和动物的沟通并非永远畅达，而是充斥着误解、偏见和争论。例如，在早期的驯犬行业中，就曾存在对于人-犬社会关系的偏差理解，并对从事宠物犬训练的专业人士及大众造成了误导。这一流派（或称"体罚传统"）相信，家犬从灰狼社群中继承了"支配性"（dominance）的等级结构。因而，人类主人必须模仿"阿尔法头狼"（alpha dominant wolf）对群体成员的统治，如体罚，来教导自家宠物学会绝对地服从。另一流派（"奖励传统"）则对该观点进行了彻底的驳斥，并得到考古学、生物学、犬类认知科学等新近研究的支持。后者指出，狼群并不是由单一的支配性原则组织起来的等级社会，基于血缘关系的亲情与合作才是狼群的核心凝聚力。同时，人与狗之间漫长的驯化过程更是使得二者相互沟通和理解的能力远超其祖先。该观点认为，比起惩罚，奖励和陪伴是更适用于家犬的训练方式。甚至有时，主人的陪伴本身对狗而言就是最大的奖励。

可见，一种对犬类认知和社交能力的误解曾主导现代西方社会中有关人狗关系的观念和实践，并在随后被颠覆。人狗关系与当时当地的社会意识形态，甚至是科学自身包含的意识形态相互形塑。这一复杂过程不再仅仅是物种间关系双方个体间的互动，更是自然历史与社会历史之间的融合与角力。或许可以说，有多么丰富的历史文化情境，就有何其多样的人狗关系。

例如，在我此刻身处的藏族牧区，就很少见到牧民主人惩罚自家护卫犬，甚至连有意而为的训练都很少。相反，一种或许可以被称为默契的相互守护在每一片牧场都延续了千百年。[6] 夜晚，狗守护人——赶护畜群，与狼撕咬；白天，人守护狗——给它喂食，用牛粪为它搭一个遮阳避雨的窝。人面对狗的尽忠职守少有口头／肢体上的赞赏，狗也将自身职责视为天经地"义"、"义"不容辞。没有一种学说、理论或流派指导人对狗的控制或狗对人的服从，是高原草地的自然环境和逐水草而居的畜牧生活方式，形塑了人与狗无间的理解与合作——让护卫犬成为牧民不可替代的助手，也将勇敢、凶猛、忠诚写入了这一犬种的天性。当然，这种平衡也仅仅是世间无数人狗关系的其中一种。当生长于草原的狗来到内地富商的别墅后院，便成了"藏獒"，等待它与新主人的可能又是另一种意义上的"平衡"。人与动物之间的社会生活多种多样，充满了复杂性，正如人际社会生活本身。而正是这些尚未被检视和书写的复杂性，给了物种间民族志广大的空间。

另一种对物种间民族志的质疑来自对"人类中心主义"的恐惧。这种观点认为，如果物种间的研究对象继续聚焦于人类，即便是物种间关系中的人类，也依然没有突破人类对自我的过度关注。同时，从方法上来说，参与观察的局限性也意味着我们只能从人类出发进行研究；而一切从人类角度对动物进行的转述，似乎都难逃"拟人"的陷阱。

这种担忧可能是简化了"人类中心主义"的丰富内涵，

并为其赋予了太沉重的道德负担。正如每个个体都是根深蒂固的"自我中心主义"，每个民族都是某种意义上的"民族中心主义"一般，自我是我们向外界探索、与他人交涉的唯一起点，是内外互通的唯一途径。对此我们无法苛责。而且如果仔细区分的话，物种间民族志真正摒弃的其实是本体论意义上的人类中心主义，是要驳斥那种无视物种间关系生成对人类形塑作用的人类至上主义。

物种间民族志必须自觉秉持的，是方法论上的"人类中心主义"。所谓"方法论上的"，意思是说面对动物他者，我们别无他途，只能从作为人类的自我出发去尝试接近和理解。这是物种间研究唯一可行的方法，但也并非无奈之举，因为我们对于理解"动物他者"所做的努力，正是在通过实际行动将动物视为主体而非客观被动的对象。

再退一步看，这种对"中心主义"的过分警惕其实与人类学历史上受到的"客观性"质疑一以贯之。如果动物是无法"理解"的，那报道人就是可以完全"理解"的吗？"他者"是否永远无法企及？诚然，人类学家来到陌生的地域与社会中，从自己的视角去理解和翻译当地文化，所看到的并不完全等同于本地人日常所见。可是，视角的差异并非对所谓真理的扭曲，揭示视角差异的文化间沟通才正是人类学的生产力和价值。这么来看，莫里斯·布洛克（Maurice Bloch）专著 *How We Think They Think* 的中文版书名被译为"吾思鱼所思"，似乎正好能帮助我们在"人类他者"与"动物他者"的可理解性上建立类同。如其所言，参与观察的可行性是基于社会互动的本质，即"心灵间的相互殖民"。而物种间研究的参与观察则是将报道人与人类学家之间的相互"殖民"关系扩展到报道人、人类学家与动物的三角关系之中，来回往复。

而就田野实践来说，首先我们必须"相信"自己的报道人是理解他们生活中的动物的，然后才能去对他们的这种理解进行理解。而在对报道人的言行进行记录的同时，我们也要努力充分置身物种间接触的第一现场，通过亲身参与跟动物之间的互动，来比量自身体验跟报道人所述之间的距离，然后通过模仿来缩短这种距离。物种间的人类学家向"人类他者"学习，也向"动物他者"学习，并将两种他者知识结合。而就像"教育"或"学徒制"一般，一种逼近"真实"的、具身性的物种间知识，只有通过长期、深入的参与观察才能获取。如此而言，参与观察可能正是最适合于物种间研究的方法。

我的狗场老板不懂什么是"物种间"，却懂得如何用自己的叫声唤起狗的叫声。对此，过往的犬类认知研究或许可以给出各种解释。然而正如布拉德肖（John Bradshaw）所言，生物学家总是在实验室里进行严格控制下的有限观察，很少到现实生活中去捕捉人狗沟通的繁复样貌。而后者所需的方法正是人类学家的看家本领。可惜的是，人类学家"基本上不关心动物"。而在广阔幽微的日常中，人与其他物种之间长久而丰富的共居早已培养出了无数的物种间关系"专家"，如我的狗场老板、藏獒消费者和藏族牧民朋友们。他们掌握和使用着大量有关动物的"本地知识"，创造着各式各样有关动物的"文化"，与动物建立了丰富多彩的"社会关系"，只是连他们自己都没发现其中的"研究价值"。

就等一个虚心前来讨教的人类学家了。

—— 注 释 ——

[1] 有些文本将"interspecies"译为"跨物种"。本文认为"跨"更直接的对应词是"trans"，如"跨性别"（transgender）。

[2] 为方便讨论，本文在提到"动物"时，都是指生物学意义上的非人类动物。篇幅有限，无法对"动物"概念的特殊性和局限性进行展开。

[3] 埃文斯-普理查德在《努尔人》中描绘了尼罗河畔一个社群的生活方式与政治制度。从开篇他就以牛为整个社会的切入点，分析牛在社会关系与结构中扮演的角色和功能。

[4] 列维-斯特劳斯在《图腾制度》中，反驳之前研究对于图腾的理解方式，认为动物之间的关系为人类社群之间的关系提供了一套隐喻性的符号系统。

[5] 在本文探讨的意义上，关于病毒、植物等某些生命存在的一些研究，在经验上是否能够抵达"社会性"，还有待论证。

[6] "惩罚"与"训练"的涵义是复杂的。本文初次发表于 2020 年，如今作者对于这个问题的看法已经产生了一些变化。由于篇幅限制，不做展开，故保留原文。

科学文化批评与博物之学复兴

刘华杰（北京大学哲学系）

科学已经走过纯真的年代。在文艺界，有文学批评、文艺理论批评等，在科学界是否可以有相应的科学文化批评呢？科学界内部同行间每天都在互相批评，科学就是在批评过去的基础上前进的。但是，显然我指的不仅仅是这些，而是全方位的、不设限的理性批评。我设想的这种科学文化批评，不是要否定科学，也没人能否定得了，科学集中了人类文化中相当多的优秀成果，批评的目的是防止傲慢、纠正偏差。科学是现代社会的强势话语之一，至少表面上如此，地位仅次于政治，甚至政治也要用科学为自己涂脂抹粉，因此批评当然更应当针对这类强者而不是弱者。反伪科学、反迷信、反愚昧很重要，但坦率地说，那不是本事，在争论之前它们就已经失去了话语地位。

在现代社会，人们受制于唯科学主义（scientism）、狭隘的爱国主义等，容易对智识、科技、文明发展做出整体性误判。在危机还没有大规模爆发之际，严肃地讨论有关问题、有效地引导人类智识的用力方向，成为哲学家以及所有知识分子的一项重要职责。

科学是一种高智商活动，但是并非智力成分越高就越值得羡慕，说到底智力不同于智慧，人生与社会发展并不一定要处处算计。普通人有一种本能：喜欢聪明的人。比如看到某个孩子智力超群，便会无缘由地喜欢，愿意亲近他（她）。从博弈论的角度看，这里的"普通人"并不一定理性，如果足够理性，应当喜欢那些智力平平的人，因为这样的人在现在或将来不会与自己竞争。实际上，并不能责怪普通人不够理性（他们非常善良），处于自然演化当中的人类不可能表现出普遍的不理性。他们展现的爱智行为还根植于另一个未经审慎检验的假定："智力即善"。比如，在这个例子中，看到聪明的小孩就容易移情，以为是自己如此聪明或者希望主体是自己的亲属，如此一来，他人聪明就转化为自家基因好，成为竞争优势。于是，去掉语境，可以抽象出聪明等于好、善。

但是，任何人都无法直接证明"智力即善"这样的命题。把智力换成科学、科技、科技创新，情况也差不多，凡是贴上这些光鲜的标签，都会受到普通人的青睐。人们甚至还会故意忽略其发明者做出重要成果的语境（context），即对智识活动过程"去情境化"，用知识社会学或者知识政治学的话来讲，即"标准化""客观化"。

现在是大科学时代，科学与社会分形交织（fractally woven），社会中有科学，科学中有社会。所谓科学的客观性、非功利性，只描述了科学的一部分面向，只用规范性原则（如默顿规范）来概括科学的品质，是不够的，会导致严重失真。在相当长的时期内，人们依旧会大力支持科技事业，但是功利主义的后果论辩护是不成立的。这一点，同情科学的科学社会学家默顿（Robert King Merton）早就指出过了：

"多个世纪以来，有人论证说，科学值得支持是因为科学给人类带来了普罗米修斯式的礼物。但是，对科学的这种功利主义辩护是一把双刃剑。如果科学家认为，科学在提升人类健康水平、提升能力、增加生活便捷性方面取得了广为认可的良好结果，因而赢得了信用，那么，它必定也同样失去信用，因为以科学为基础的技术开发极大地扩展了毁灭手段、带来了各种污染，这也是有目共睹的恶劣后果。"（Merton, 1977）

当然，也有人不承认科学有负面作用。比如："说到底，科学以及它的副产品——技术，都是一种工具。工具能使干坏事者干更大的坏事，一般而言却不会使真变假，使善变恶，使美变丑。""当然，在一个充满异化的社会和文化语境中，科学也或多或少地会异化，从而引发不应有的恶果。然而，异化的科学根本不是科学，而且异化的科学的根源在于异化的文化、异化的社会，归根结底在于异化的人。看来，人的作用才是问题的关键。说穿了，科学起什么作用，取决于人如何生活。"（李醒民，2006）这类为科学撇清责任的论调是不能令人信服的。既然"人的作用才是问题的关键"，那么是不是人也有好坏之分呢？按同样的方式推理，人不过也是工具，人不能负责，至少不能负主要责任！既然负面作用是假命题，那么依照逻辑一致原则，正面作用也应当是假命题。"隐藏在我们的意识深处的话语方式在逻辑上是不对称的。科学及科学家只接受荣誉，不接受责罚。好事来了，说是自己的功劳；坏事来了，说是别人的责任。"（田松，

2014:9）另外，如果没有了人，还有科学吗？地球上人都死绝了，还剩下某种科学吗？科学从来都是与人相结合的，我们讨论科学的后果，也是与人对其的关注、运用联系在一起的。我们必须在意谁在使用什么样的科学，"科学的负面影响"当然是就人（而非狗、青蛙、植物、细菌、石头）运用科学技术导致的后果而言的，"科学自身"是抽象的。细究起来，根本没有纯粹的"科学自身"，科学的负面作用也从来不是指科学自身的负面作用。

人类创造了众多文化，依不同的标准可以划分为几十种或上百种。但是，对人类未来影响最大的，可能就是科学文化。政治文化直接起作用，却是"傀儡"，实力最终依据背后的科技。今天有什么样的科学文化，相当程度上就决定了未来会有什么样的人从事科学、人们会怎样做科学、科学将服务于什么目标。科学文化研究关注的主体是一线的科研人员。为何不讨论似乎更有权势的政治家、商人、国际组织领导人呢？简单来讲，许多事情他们无能为力，或者更准确地说，靠他们自己是做不成的：他们并不直接从事科技创新，只是间接地影响科技创新。因此要特别重视科学共同体及其成员。或许是因为我不是科学家，在"庐山"之外更容易讨论科学共同体的行为、价值观及其长远后果。这样的讨论不可避免地有批评的成分。

当下，对科学文化的大量讨论集中于数据不要造假、发表论文应当实事求是、不要剽窃他人的研究成果、论文署名要事先商量清楚等问题。相较于本文所涉及的问题，这些都是次要的。本文关注的，不是科学共同体内部各种人员是否遵守行业规矩的"小事"，而是这个群体的目标、手段、结果在整体上是否遵循了大自然法则的"大事"。

假如科技界很无能、创新乏力，那么他们的劳动对整个社会影响不大，只是浪费了一些钱罢了，人文知识分子似乎也不用特别在意他们的工作，不必考虑科学文化。但现实是，科技的影响实在太大，它让这颗星球快速活跃起来，让地球进入了"人类世"，于是科学文化也变得非同小可，人们不得不关注它。说得再直接一点，如果科技界内部的不端行为仅仅导致科技本身的低效率，令科技发展速率趋缓，可能反而是好事，因为这有可能在整体上减弱科技对这个星球演化的过分扰动。但这不大可能是主旋律。科技界确实有一种自我纠错的能力，可以把它想象成一个拟人的主体，它要保证自身足够有活力，不断推出货真价实的新成果，而不是因个别人不守规矩而减缓科技创新的速率。科技总能维持相当的效率，这是它的光鲜之处，但这也是真正的风险所在。科技似乎成了协同学（synergetics）讲的序参量（order parameter），它由社会的各种因素促进并维系，反过来一旦形成相对独立的子系统，变成序参量，便对社会秩序起支配作用。用褒义词讲，就是成了一种"革命性的力量"，而用贝克（Ulrich Beck）的风险社会理论来讲，科技则成了现代社会最大的风险。前进、加速、更大的力量，成为这架"火车头"的符号标识。但是，追问一下：向哪儿前进？为何不断加速？自然环境允许吗？更大的力量用来操纵什么？恐怕就会引出一系列问题，难以自圆其说。

科学文化可分内与外。内，是科学家自己的事，科学界有责任自己搞定自己的事。外，是社会各界对科学文化的关注。当下，最重要的不是内，而是外。但是，内外的划分是相对的、分形交织的。外部问题的解决，要通过进入内部过程、改变内部结构来实现。也就是说，外因通过内因起作用。归根结底，科学文化是全球、整个人类社会的一个大问题，涉及教育、职业规训、成功标准、生活方式、天人系统的可持续性等方面。科研是一种史无前例的高风险行业，所以此行业应当坚持更高的道德标准。可惜，没有证据表明科研人员的平均道德素养高于民众。

说做科研有风险，包括两个方面：一方面因为它是一种智力创新活动，不确定性非常大，付出努力却未必有成果；另一方面，创新的结果对社会有风险，它可能伤人，可能导致失衡，可能让人们变得焦虑，可能加速破坏自然环境。后者更为关键，科研的风险很难事先获知，并且好与坏交织在一起、难以厘清。比如，塑料的发明，起先人们都一致叫好，认为其功劳很大，但是塑料的普遍使用导致了严重的环境问题，现在海洋中充满了微塑料，通过食物链，塑料又进入人体。食品添加剂、杀虫剂、化肥的情况也非常类似。如今围绕中国人的食物链，发明、使用的化学物质或产品多达50 626 种，中国仅登记在册的农药就有 38 247 种，化肥 6 780 种，合法食品添加剂 2 400 种、不合法的 151 种（蒋高明，2019）。过多的化学品混入土地、食物，已经从造福人类走向反面。

科技的不良后果不是一开始就能被预言的，不是单个看就能够准确评估的，问题清楚了也未必能找到化解的办法。塑料的发明对人类，对生态的近期、中期、长期益处有多大？这是非常难以评定的事情。而具体的科研人员，并没有机会思考这类"远在天际"的无聊问题，他们关心的只是能否做出来、能否满足当下的需求，许多大尺度的问题根本不在科学考虑的范围之内。科技主要在乎当下的需求！至于不良后果，可能有也可能没有，不需要自己管，那是别人的事情。对于聪明的资本家而言，科技是一种有效的工具，没有什么别的工具比它更好、更值得信赖、更值得投资。在科技创新过程中，伦理经常是缺位的，末端参与通常无效，也显得太迟。生产出来的科技产品不可能自动消失，只会被人类尽可能地加以使用。

打一个不是很恰当的比方，现在人们面临的科技伦理问题是：当 A 因为掌握某种科技而具有能力打 B 一个耳光的时候，A 真的就打了 B 一耳光，如果可能则打两个、三个；如果能打而不打，则辜负了自己的能力、对不起研发该科技的投入。但是在日常生活中，基于普通的伦理学，A 能打 B 一耳光，A 伸出了手却又收回了，A 最终没有打 B，这被称作 A 境界高、讲道德；如果 A 能打就打了，则不显示 A 有本事、讲道德。在前一种情况下，即在科技伦理情境中，有一种隐含的逻辑：科技成果研发出来了，就要使用，不用是不现实的，即使我不用别人也会用，因此我先使用了也没什么问题，不应该受到道德指责。这种逻辑在辩论中反复出现，先不管其对错，可以确认的一点是，它与日常生活中的伦理规则不一致。差异在哪里？为何会出现不同的态度？原因还在于科学是有智力含量的东西，在人们看来它是好的、善的，代表了生产力的方向。如此一来，谁优先使用科技（不管是怎样的科技），谁就是聪明人，谁就代表了生产力的方向，或者谁就被豁免了罪恶，甚至代表了正义。这并不是什么新逻辑，只是"强权即真理"的翻版。它披着光鲜的科技外衣，对于生活在现代社会的普通人具有相当强的迷惑性。可以设想一下，对于古代人或者未来人、外星人而言，这一套逻辑根本就不成立，科技招牌不管用。

资本家和政客通常不是很在乎科技的绝对水平，而是特别在乎"科技梯度"，只有梯度才能制造梯度，用一种梯度撬动另一种梯度。而对上瘾的用户来讲，科技的绝对水平也变得次要，依靠梯度才能显现等级差异、幸福感。这样一来，当下主流科学文化的价值观与资本增殖的逻辑高度吻合。当代科学与工业文明高度契合，并非一件好事，卡辛斯基对其中的弊端给出了双重抨击（Kaczynski, 1995；刘华杰、田松，2018）。"权力-科技-资本"三位一体构成了现代社会的铁三角，它们之间可以互构，三者捆绑起来威力巨大，能对公民的权利和日常生活、生态系统的可持续性造成前所未有的冲击，《一九八四》只展示了局部、阶段可能性，真实情况可能比书中讲的还严重。对于漫长的人类历史而言，铁三角中的第一元素——权力，一直都存在，早期权力甚至相对更大、更集中，而后两者都是近现代的产物，属于资本主义所开启的新时代。严格来讲，古代的技艺不是科技，因为其生产方式与使用方式完全不同；古代的钱财也不是资本，因为古代不具有资本主义社会这样的建制。这个铁三角出现的历史很短，却深深改变了世界的格局。

在唯科学主义的大背景下，科学丧失了"可错"的能力：在什么条件下人们可以判定科学错了？在现有的社会缺省配置下不存在这种可能性，就像在中世纪不可能找到任何经验证据和推理来证明宗教错了一样。在具体事件中，有A、B、C、D、S（代表科学）几个方面的专家参与某工程项目决策，他们各自阐述意见，现实中的确存在S的观点不正确的可能性，即判断作为科学界之代表的S的观点错了。但是在习惯性的话语中，这丝毫不意味着科学本身出错、值得反思。最多说明事情办得还不够科学！错的不是科学，而是"不够科学"。于是，科学与宗教一样变得不可证伪，成了绝对正确的东西。"任何东西，一旦被尊崇为绝对正确的东西，便注定是可疑的；而当这种东西与权力结合起来，注定是有害的。"（田松，2014）

对于科学，存不存在有效的"科学批评"，对于科学文化，存不存在有效的"科学文化批评"，成了某种试金石，可用来检验波普尔（Karl Popper）提出的"可证伪性"品质是否适用于科学。

基于上述认识，似乎我在有意挑科技的毛病，甚至有反对、限制科技创新的意思。坦率地说，我并不否认有这方面的意向，但是我并不主张停止科技创新，也不认为科学应当停止发展。科学、技术依然要发展，但是要做出重大改变。

第一，要破除创新神话。科技创新要为了达尔文演化论意义上的适应（adaptation）而做出调整。此调整意味着科技创新的整体速率要先降下来，避免恶性竞争。19世纪以来，科学成为一项职业，不管是普通职业还是韦伯讲的"天职"，它都是现实社会中的一个子系统，要与整个系统兼容。科技发挥的作用宜适度，不能过大，也不能过小。地球上万物滋生，人类代代相传，每一代都有每一代的职责，不必越俎代庖，更不应当侵占后代人的利益。过快的创新，导致人以外的无机界、生态环境无法跟上调整的步调，长此以往盖娅系统就会疲惫不堪、千疮百孔，人也会变得心力交瘁。适应是大自然的一项重要法则；不适应到了一定程度，就会被淘汰。适应并非固定不变，只是说变化的幅度不能太大、速率不能太快。

第二，科研内容的重心要做出调整，针对不同的内容，有的应当增加投入、加快速度，有的应当减少投入、严控速度，有的应顺其自然。有的事情即使在理论上靠科学能够做到，也未必一定要加速实现、加速应用。

当下，最能吸引投资的未必是人类最需要的，而是资本家和政客最喜欢的领域。相比之下，改进人类卫生状况、提高疾病预防水平的科研，通常并不能令资本快速增殖，也不能令野心家展示拳头，但它们却关系百姓的生存福祉，科技应当在这方面加大投入。目前，无数瞄准治病和延寿的生物医学研究与药企、医院合作，推出花样翻新、价格高昂的药品、手术、保健服务，通常置中产阶级于尴尬境地，令老人不花光储蓄"不得好死"，新型技术通过一点点延寿诱惑就掏光了老人及其家庭的腰包；自然死亡竟然成了不合法的选项，即任何一个现代人的死亡证明上都不能书写"老死""自然死亡"，一定要写上因某疾病或某事故而去世。借用韩启德先生的话来说，现在的生物医学技术"知进"而"不知止"，无孔不入却无助于整体提升人生幸福感。

另外，现在全球环境问题堪忧，而通常的科技创新更加剧了这种局面。电脑与手机的快速升级，虽然体现了科技创新的速率，却导致更快的资源浪费、垃圾排放。越是科技发达的国家，资源消耗越多、垃圾产出量越大。比如，美国的人均垃圾产量是世界平均水平的 3 倍。现有的环境科学、污染处理领域的科研无法应付其他领域产生的负面效果，唯有重新分配研究力量、资金，才有希望。生物多样性调查与编目，全球动物志、植物志、菌物志编撰，气候变化、超级传染病防控，优良谷物、果蔬选育等，都是富有挑战的科研课题，也亟须大量人力、物力、资金。

科研不是单纯追求还原论的深刻，更不是单纯发表论文，科研要直面人类的困苦、生态环境的危机、天人系统的可持续生存。科学不会终结，但方向必须调整、评价体系必须改变。

当下"技科""产学研权"一体化的弊端是，现代社会中多种二分法之强势一侧联合起来，所向披靡、战无不胜。强强联合，难道不好吗？这确实有问题，这会造成社会失衡、话语失衡、环境失衡。

向前追溯科学的历史，其与博物的历史几近重合。直到 19 世纪中叶，两者还有许多交叠之处，彼此不会歧视；naturalist 这个词并不比 scientist 低下，而且前者的出现要早得多。如今博物与科学仍然有很大的交集，但是整体而言，博物式微，具有博物色彩的科学家通常也不敢自称博物学家，因为在普遍被接受的话语中科学代表着正统。保护生物学（conservation biology）与科学、生物学有不同的旨趣，大有可为，却不得不打着科学的旗号。

博物确实肤浅，没有科学深刻，更不具有后者作为杠杆撬动世界的本事。可是，博物学是人类与周围世界进行宏观层面互动、求得稳定生存而积累起来的经验、知识、技能和智慧。世界上任何地区都有自己的博物学，在采集、狩猎、农耕等传统社会中，没有博物学，当地居民就无法生存。近代以来，博物学推动、参与了西方经验科学革命，对地质学、动物学、植物学、气象学、演化生物学、生态学、保护生物学、可持续发展研究等，做出了实质贡献。特别是，达尔文演化论作为博物进路所取得的最高理论成就，必将发挥长远而深刻的影响（前150年基本上是在误读）。

随着分科之学的深入发展，博物式探究不再是学术的主流。但是，博物学的衰落并非因为它无法沟通人与自然、无法提供"生活世界"的真知灼见，而是因为它无法满足"现代性"的增长逻辑：求力，以加速征服和深度控制他人和世界。现在，博物学在正规教育和科研体系中均没有地位，沦为肤浅的代名词，一般学者不愿自称或被称为博物学家，威尔逊（Edward O. Wilson）是个例外。

但是即使科学十分重要、权能无边，依然不够充分，有些空间仍然需要博物。在任何一个发达国家的社会中，博物学均十分发达，没有衰落的迹象，有各种各样的博物学民间组织，博物类杂志、图书、影视作品极为丰富，博物学与人们的业余文化生活深度结合。如今我们研究科学的历史和文化，倡导生态文明，也应当考虑博物学在过去、现在和将来扮演的角色。

第一，博物学是自然科学的一个重要传统，传统不能丢。博物与科学都有悠久的历史，都可以按照某种概念约定追溯自己的前身，但无论如何，前者的历史更为久远。稳妥的说法是，如今在现代社会扮演重要角色的自然科学包含四大传统：博物、数理、控制实验、数值模拟。博物是其中最古老的一个传统。当今最有力量、最容易出成果的是控制实验传统和数值模拟传统，这二者都比较新，前者有约300年的历史，后者只有70年的历史。相对于人类社会的历史、人类认知的历史，300年和70年简直就是一个点，可以忽略不计。但是在如此短的时间内，自然科学产生的影响十分巨大，人的活动可以与火山喷发、地震等地质力相比。如今人类这个物种"力大无比"，但是人类究竟想干什么？高科技将把人类引向怎样的美丽新世界（brave new world）？博物学传统虽然肤浅，但是它注重关联，满足正常需求。没有演化论，各门生命科学将是一盘散沙；同样，没有博物情怀，科学将迷失方向，与生命共同体、盖娅共同体产生剧烈摩擦，导致系统不适应。

第二，博物学围绕胡塞尔所述的"生活世界"（Lebenswelt，life world）展开，而现代自然科学和技术在资本和强权的推动之下却不断遗忘自己源出、驻足之"生活世界"的意义基础，导弹、航母、核武器、反卫星武器、人体增强、察打无人机等显然远离了生活世界。博物肤浅科学深刻；博物本分科学无限。无限是指什么？无限宇宙、无限视角、无限潜力……由无限、无羁、无理，走向异化、僭越。现代科技成就了陀思妥耶夫斯基所说的"现代性信条"。科技界一直在描绘有待实现却渐行渐远的目标，一直在刺激人们满足日益膨胀的欲望。无限并非都好，好在总能带来新鲜刺激，坏在无法诗意地栖身。好的科技，好的科学文化，应当永远服务于百姓的生活世界，充分考虑共同体的协同发展，做到平衡可持续。"天地之大德曰生"，生化万物，生生不息。"生"不只是人类的"生"，更不只是人类当中个别群体、个别人的"生"，还包括生态系统的"生"，盖娅之"生"；不只是十年、百年、千年之"生"，还包括万年、百万年、上亿年之"生"。

第三，在科技高度发达的今日，博物学依然提供了普通人"访问"世界的一种通道；公民博物，可以感受四季流转、"杨柳依依、雨雪霏霏"，提高幸福感。博物学门槛较低，人人可博物，但是科学的门槛日渐升高，普通人不可能成为科学家，也不可能像科学家那样访问世界。科普，注定越来越难做。科普在某种意义上，也只能让普通人仰慕科学，接受其结论，而无法亲自操作、核验过程。科学家和媒体说探测到了引力波，拍摄到了黑洞，普通人只有听一听的份儿，压根无法明白怎样探测、怎样拍摄的。另外，现代社会是忙碌的社会，普通人需要适当休息，科学家也需要休息。人类并没有因为生产力的提高、法定工作日的减少而得到精神的放松，就像电子化办公并没有减少纸张的使用一样。忙碌是现代社会的直接景象，而且人们会越来越忙。公民博物，可以在一定程度上提醒我们，自己是普通的动物，来自大自然，可以自然而然地过着一天一周一生。我们本来是可以一边工作（进食、写程序、做实验、收割、畅谈理想）一边玩的，一如我们的祖先，一如其他动物。

第四，学习而不忘本。现代科技货真价实、势不可当，古老的博物学只有借鉴、吸收、利用现代科技的成果，特别是分子层面的成果，才有可能适应时代的需要，但是不能据此而模糊了自己的初心。从思想史的角度看，博物与科学的关系可以有多种叙述方案：从属论、适当切割论及平行论。其中，最有吸引力的方案是平行论：博物平行于科学存在、演化和发展，过去、现在和将来恐怕都是这样。（刘华杰主编，2019）博物就是博物，不是他者；博物不只是前科学、潜科学、肤浅的科学。相比于自然科学，博物学更像文学；文学借鉴和使用科学但不还原为科学，科学再发达，社会依然需要文学。这当然是一种"学术建构"，有辉格史的嫌疑，但此方案有较强的解释力和现实意义，对于处理人与自然关系、减轻现代性弊病有启发作用。基于建构论编史策略，可以按博物编史纲领重新书写人类文明史、展望天人系统的未来，其中包括科技内容但不限于科技。博物本身多种多样，历史上的博物学也干过许多坏事。阿卡迪亚型（田园牧歌型）博物相对于帝国型博物更值得提倡。在操作层面，可以鼓励普通人博物起来，抓住 B、O、W、U 四个字母所提示的要点复兴博物学：B=Beauty，天地有大美，博物活动着眼于发现和欣赏自然之美，或者说美是我们博物的根本动力；O=Observation，观察、描述、分类等是"肤浅"博物活动的基本手法，多看、少扰动、少折腾，满足正常需要，避免过大的不可逆的伤害，通过细致的观察，将欣赏到更多的美；W=Wonder，以童心对待大自然，保持惊奇感，好奇而敬畏，"大人者，不失其赤子之心者也"（据《孟子》）；U=Understanding，寻求理解"我"在共同体中的角色，不自卑亦不膨胀，学会感恩，维护天人系统之共同体的可持续生存。（半夏，2017）

基于上述四点认识，就可以明确博物学在现代科学和文化中的可能地位和作用。下面的描述既是事实也是愿景：

1. 博物作为认知、掠夺、征服的手段业已式微，在现代科学中被日益边缘化，但并不能因此只从一方得到解释，更不应把棍子都打在一方。博物（文化）与科学（文化）都是开放的，我们今天的努力有可能塑造不一样的未来。

2. 数理、还原论范式下的自然科学与技术，依然可以从博物传统中汲取养分，改善自身。比如更加重视横向关联，学会变焦思维，懂得多尺度权衡、评估研究成果的意义和影响。

3. 博物情怀可以作为一项柔软的评价要素，用以减轻资本和权力对科技的过分牵引。做科学，相当一部分初心是因为科学有趣、好玩，能提升境界、造福人类、护生而非杀生，科学的有用性体现在多个层面并且各个层面必须统筹兼顾。在我看来，中国古代的四大发明是：茶叶、瓷器、蚕丝、豆腐。它们都与博物有关，前三者曾作为国际贸易的主角，后者也日益被接受，且它们都不导致生态问题。企盼中国的科学家、全世界的科学家多提供这样的创新！

4. 博物学提供访问大自然的较低门槛和良好界面，有助于公民了解和监督环境状况，也有助于反思科技之知性展开的合理性。博物与科普、自然教育可以携手前行，推动生态文明建设，共同为人类的美好生活服务。

5. 博物虽然重要，但时代不同了，不必追求分科之学的名分；重要的是官员、商人、学者、百姓在自己的职权范围内增加一点博物情怀，费厄泼赖（fair play）。学校可以开展博物类选修课程，但不必也不应该建立博物学学科。

我坚信：科学、科学文化足够坚强、足够宽容，一定经得起评论、批评。

克里孟梭说："战争太重要了，不能交付给军人。"套用同样的句式，针对科技事物，我想造这样一个句子："生活与未来太重要了，不能完全托付给技术专家。"

* 参考文献

KACZYNSKI T. Industrial Society and Its Future[N]. The Washington Post, 1995-09-19.

MERTON R K. The Sociology of Science: An Episodic Memoir[M]. Carbondale and Edwardsville: Southern Illinois University Press, 1977: 109-110.

半夏 . 看花是种世界观 [M]. 北京：中国科学技术出版社，2017.

蒋高明 . 乡村振兴：选择与实践 [M]. 北京：中国科学技术出版社，2019.

李醒民 . "科学的负面作用"是"假命题"[N]. 社会科学报，2006-09-14 (5).

刘华杰 . 西方博物学文化 [M]. 北京：北京大学出版社，2019: 9-12.

刘华杰，田松 . 卡辛斯基与工业文明批判 [J]. 关东学刊，2018, 25 (01): 109-115.

田松 . 警惕科学 [M]. 上海：上海科学技术文献出版社，2014.

声音研究：
美妙的、复杂的、糟糕的

———

王 婧（浙江大学传媒与国际文化学院）

从开始以声音为研究对象的田野工作算起，我是在2008年进入声音研究领域的。由于研究一直围绕自己的田野兴趣与学术喜好展开，我并未太在意整体学科问题。现在每每遇到要做学科介绍的任务，就不免焦虑。但最担心的还是，以自己为圆心划出了一个半径为有限视野长度的圈，文字印刷出来又多少显得有些理直气壮。

当然，在学术写作中，不可避免地会存在个体认知的局限性，这里先交代构成我目前学术视野局限性的"半径"

——人类学、哲学美学以及当代艺术实践——以供读者辨析。我的研究虽偶有涉及电影声音、文学批评，但这并非研究的核心，我亦不擅长。受限于语言能力，我的研究只涉及英文及中文的声音研究。另外，需要在文章开头就澄清的是，虽然在语言（speech）、音乐（music）、媒介（media）的研究传统中，声音总有一席之地，但绝大多数时候仍处于边缘和附属地位，这些传统中对声音的理解和阐释不免会落入文本、图像或象征符号的分析框架中。而我在下文中要讲的声音研究，则有关处于创作和思考焦点、不附属于图像或文本、对应和激发着独特理论方法的声音。

声音研究的出现、发展速度、转折走向，其中那些美妙的、复杂的、糟糕的，都离不开传奇式人物的个体才智与诉求的影响，但同时也与技术变革、时代变迁密切相关。以下，我将从三个基础问题入手来勾勒声音研究的轮廓，分别为：声音研究从何而来，声音研究的现状，声音研究的内在矛盾。

声音研究从何而来——复杂的

第二次工业革命、莱特兄弟的"飞行者一号"试飞成功、真空管的发明与电子工业的诞生、第一次世界大战、弗洛伊德的精神分析理论、现象学的创立、经济大萧条以及第二次世界大战等，构成了声音作为 20 世纪初艺术运动的创作与表达媒介的最基础的社会文化、历史及技术语境。

1909 年，《未来主义的创立和宣言》（Fondazione e Manifesto del Futurismo）的发表，宣告了意大利未来主义运动的开始。未来主义者赞美速度、机器、青春甚至战争。与未来主义视觉艺术家喜好使用螺旋和对角线来表现现代生活的能量相似，未来主义作曲家路易吉·鲁索洛（Luigi Russolo）通过赞美噪声，来表达对现代工业生活的热爱。他将对机器、交通、自然声音的组织称为"噪声的艺术"。意大利未来主义对真理和传统的攻击及其行动主义精神在随后的各种先锋艺术运动中一脉相承。达达主义的声音诗、超现实主义的反视网膜艺术和家具音乐等，这些早期的艺术实践与战争、国家政治有着紧密联系，其中包括意大利未来主义对战争的推崇，达达主义和超现实主义的反战。较少人知的是，"二战"期间美军幽灵部队（ghost army）曾征用艺术家、音乐人以及声音工程师，把声音用作欺骗性武器；更鲜为人知的是，具象音乐的创始者皮埃尔·舍费尔（Pierre Schaeffer）曾作为管理者参与法国去殖民运动在非洲地区的广播站基建工作。

"二战"后，声音技术（无线电广播、录音机、音响等）的使用从军用转向民用与娱乐。在思想革命与技术变革的双重刺激下，作曲家和艺术家纷纷将注意力从"乐"转至"声"，其中起关键作用的人物有刚刚提到的舍费尔，还有达达主义和超现实主义的灵魂人物马塞尔·杜尚（曾用笔名 A Klang，Klang 即德语"声音"），以及埃德加·瓦雷兹（Edgard Varèse）、约翰·凯奇（John Cage）。而由凯奇促生的偶发艺术（Happenings）及激浪派（Fluxus）则进一步将声音艺术推向大众，推入了艺术界及文化界的视野。

　　20 世纪 70 年代至 80 年代，学界对声音体验及声音功能的概念化和理论化实践为声音研究奏响了序曲，其中最重要的学术出版包括：美国技术哲学家唐·伊德（Don Ihde）的 *Listening and Voice: Phenomenologies of Sound*（《听与声：声音的现象学》，1976），从现象学角度关注声音与听觉技术体验；法国经济学家雅克·阿塔利（Jacque Attali）的 *Noise: The Political Economy of Music*（《噪音：音乐的政治经济学》，1985），以噪声 / 音乐为模型分析社会政治经济结构；伴随加拿大作曲家默里·谢弗（Murray Schafer）引领的"世界声景计划"（The World Soundscape Project）而出版的 *The Tuning of the World (Toward a*

Theory of Soundscape Design)【《世界的调音（朝向声景设计理论）》，1977】；法国文学批评家罗兰·巴特（Roland Barthes）对声音的身体性及聆听的*符号学解*读，尤其是"The Grain of Voice"（《声音的纹理》）、"Listening"（《聆听》）这两篇文章。可见，从一开始，不同学科（如音乐作曲、科学哲学、现象学、政治经济学、符号学）就从作为理论对象的声音与聆听中获取智力资源，而这样的学术开端也为声音研究的跨学科性定下了基调。

谢弗的声景理论对音乐教育的影响绝不亚于凯奇的作品《4分33秒》对当代音乐的影响，甚至在更广泛的层面上，略偏向艺术与学术精英的凯奇式声音论并不如谢弗的声景论的普及度高。谢弗致力于儿童教育，开启声音生态学，持续推行和实践其理论，比如成立出版公司。有趣的是，两人都十分强调"聆听"，谢弗将"聆听"作为保护声音环境、控制噪声的方法，而凯奇的"聆听"则是将噪声禅宗化。

受声景理论以及杜威实用主义哲学的影响，民族音乐学者史蒂文·费尔德（Steven Feld）将关注点从传统民族音乐学研究转移到把声音作为一种文化社会认知的研究。费尔德有关巴布亚新几内亚的卡鲁利人的人类学研究专著 *Sound and Sentiment: Birds, Weeping, Poetics, and Song in Kaluli*

Expression（《声音和情感：卡鲁利人表达中的鸟、哭声、诗与歌》，1982）成了声音人类学的奠基之作。在书中，他为我们展示了声音如何作为卡鲁利人的文化系统而存在，并通过分析声音（包括哭泣、诗歌、歌曲）的表达与传播，探析卡鲁利社会的文化生活、自然世界（热带雨林）和精神世界的关系。1993 年，在谢弗 60 岁生日宴会上，费尔德做主旨发言，并首次提出声音认识论（acoustemology），倡导从文化角度研究声音与认知的关系（另一个常见角度是脑神经科学）。

人类学、社会学、历史学领域之所以在较早时期就表现出对声音的学术关注，与 20 世纪 80 年代"感官研究"在这些领域中兴起有关。

比如，人类学家保罗·斯托勒（Paul Stoller）早期的研究对象是西非尼日尔共和国的桑海少数民族巫术文化，他在文章 "Sound in Songhay Cultural Experience"（《桑海文化体验中的声音》，1984）中，通过存在主义视角探讨桑海人的声音观：声音是桑海文化体验日常世界的基础，是巫术魔法最核心的元素；桑海人相信声音有穿透物件的力量。咒语是斯托勒研究的重点，他认为，咒语具有特殊的声音力量，这种声音力量与承载信息与知识的文字不同，它的能量来源于自身，而非其代表物。如果说凝视产生距离，那么声音则能创造沟通与参与。法国历史学家阿兰·科尔班（Alan Corbin）的专著《大地的钟声：19世纪法国乡村的音响状况和感官文化》（英文版出版于1998年）从19世纪法国乡村的钟声入手，探索社会权力与秩序体系，成为历史学领域声音研究的先例。结合此前他对嗅觉的研究，科尔班将自己的感官研究方法称为"超历史法"（parahistorical method），即通过探索被记录的感官与感官的历史现实之间的差距来对感官进行历史研究。

20世纪是声音研究的萌芽时期，从哲学思潮上看，伊德、舍费尔、巴特等人的声音观都深受现象学、精神分析的影响。之后，特雷弗·平奇（Trevor Pinch）对声音技术的研究虽受伊德的技术哲学观的影响，但更多是社会建构论的。而曾作为舍费尔助理的米歇尔·希翁（Michel Chion）仍主要采用现象学的研究视角，在电影声音方面做出了重要理论贡献。（Chion, 1994, 2009, 2016）

声音研究的现状——复杂的、美妙的

21世纪初期是声音研究的"大爆炸"时期。（Helmreich,

2016）代表学者有迈克尔·布尔（Michael Bull）、乔纳森·斯特恩（Jonathan Sterne）、艾米丽·汤普森（Emily Thompson）。

虽然早在 20 世纪 90 年代初，英国城市街头就已有越来越多的行人携带随身听，但当时的城市研究、文化研究、媒介与传播学、社会学还是被视觉经验所垄断。布尔在其博士研究中提出了一个不同寻常的问题：随身听对都市文化意味着什么？他的博士论文专著 *Sounding Out the City: Personal Stereos and The Management of Everyday Life*（《探听城市：个人随身听与日常生活管理》，2000）基于丰富的田野素材，突破受限于视觉范式的都市体验阐释模式，将听觉带入都市体验认知地图，论证了文化如何无时无刻不在通过声音影响人们的态度和行为。法兰克福学派既是布尔的理论对话对象，也是其理论参考对象。法兰克福学派（特别是阿多诺、科拉考尔、本雅明）在对广播的研究中提出：广播改变了客厅空间；视觉容易营造地方感和中心感，而声音来自四面八方，因而听觉是去中心化、缺失地方感的。布尔对随身听的研究则得出了相反的结论：随身听不仅可以改变城市道路空间，它带来的听觉体验还能美化日常生活体验（如人们在戴着耳机听音乐时看到路边的乞丐，会被那种电影般的场景所感动）；声音实际上是可以营造中心感甚至日常生活中的乌托邦的。布尔使用的方法是"批判现象学"，其结合了法兰克福学派的批判理论与现象学，通过大量的田野调查来分析感官经验结构。2007年，布尔因研究城市中iPod文化的社会影响，被媒体称为"iPod教授"，也有人称他为"声音研究学科的创建者"。

加拿大学者乔纳森·斯特恩2003年出版的专著 *The Audible Past: Cultural Origins of Sound Reproduction*（《可听见的过去：声音复制的文化起源》）至今仍是声音研究的经典。如果说布尔关注声音的内在（意即现象学的、精神性的），关注个人移动设备带来的听觉体验及其社会影响，那么斯特恩的研究更多有关声音的外在（意即社会的、文化的），因此斯特恩采用构建主义（constructivism）和情境主义（contextualism）作为分析方法也更为恰当。斯特恩从历史、文化研究的角度系统地讨论了（欧美的）声音复制技术。他提出 audile technique 的概念来指称"聆听技术"，即一套与科学、理性、工具相关的，鼓励对所听内容进行编码和理性化的听觉实践，包括听诊器、电报、电话、唱片机、广播等。在其众多精彩论点中，值得一提的是他对声音复制技术的分析。斯特恩提出，声音复制技术的决定性特征就是记录逝者的声音，但声音的复制不应再以拍照的复制逻辑为参考。拍照是一种再现技术，录音则是一种防腐技术，也即一种身体技术。与 19 世纪的防腐技术类似，录音技术也是为防止所爱之人腐烂，"防腐技术与录音技术都是通过改变当下物质，以期保护未来的观众：身体的化学转化模拟了录音过程中声音的物理转化"（Sterne, 2003）。

以上讨论的听觉体验研究、声音复制技术研究和以下要介绍的建筑声学与现代性研究，共同构成了 21 世纪初期正式开启的声音研究版图。

历史学家艾米丽·汤普森在 *The Soundscape of Modernity*（《现代性的声景》，2002）中，以 1900 年落成的波士顿交响乐大厅和 1932 年启用的纽约无线电城音乐厅为对象，展开了对建筑声学技术及其社会影响的历史考察，并从建筑声学、聆听文化、声学技术的角度解读美国的现代性：声学空间内的声音可以被调至极为干净、强指向、无回声，却也消除了所有有关声音被制作以及被消耗的空间的信息。这一空间声音特性恰好反映了现代性最基本的特征：高效性。高效性既存在于降低一切与核心信息无关的噪声的信息传达中，也体现为保证激发信息接收端行为的高效。声音与空间的关系在现代声学技术的发展下被重塑。可以说，艾米丽·汤普森为长久保持默声的现代性首次补充了声轨。

今天，声音研究和听觉文化研究的议题已相当丰富，包括声音／听觉技术哲学、电影声音、听觉认识论、声景、声音／噪声本体论、声音艺术、实验音乐、人声、噪声音乐、听觉文化、声音与公共性、科学中的声音、声音与性别、听障文化、声音与写作、声音考古研究等。

声音研究的内在矛盾——糟糕的

而糟糕的意识形态、"某某主义"、内在矛盾，也始终存在于声音研究中，首要的便是对其的称呼。为一个领域甚至学科命名，从来都非易事。但究竟是叫"声音研究"（sound studies），还是"听觉文化"（auditory culture），学界一直都有争议。争论者们逐渐形成了各自的岛屿，暗流涌动。

这些年，不断有和"声音研究的到来，是否到来，何时到来"有关的文章浮现。电影研究学者瑞克·奥尔特曼（Rick Altman）在其 1997 年发表的文章 "Sound Studies: A Field Whose Time Has Come"（《声音研究：它的时刻已经到来》）中所指的"声音研究"，准确地说应该是"电影声音研究"。在奥尔特曼的引领下，电影声音研究发展迅速，但也因其仅基于电影媒介而有一定的局限性。米开莱·希姆斯（Michele Hilmes）2005 年发表的书评 "Is There A Field of Sound Studies? And Does It Matter？"（《是否存在一个领域叫声音研究？它重要吗？》），质疑的正是那些局限于某一种媒介（电影、广播）的声音研究，在她看来这不能被称为"声音研究"。她认为，直到斯特恩与艾米丽·汤普森，才出现了系统的、跨越多种媒介的声音理论。而雅克·布拉兹凯维奇（Jacek Blaszkiewicz）则在 2021 年发表的文章 "Will Sound Studies Ever'Emerge'？"（《声音研究到底会不会"出现"？》）中尖锐地指出，声音研究中不断使用的形容词"新兴的"（emerging）暴露了其殖民主义的意识形态。对于这一尴尬状况最为中肯的描述来自布尔："我们也许已经离开了车站但还没有到达——目的地的性质谁都可以定义。"（Bull, 2020）

下文将细数声音研究中的几个糟糕时刻：殖民主义（colonialism）、白人男性听觉（white male aurality）、以耳为中心（ear centered）。

殖民主义

类似"拓荒者""新兴""新发现"这样的殖民主义语汇不断出现在声音研究中,布拉兹凯维奇因此判断,"声音研究似乎被卡在一种涌现的永恒状态中"。布尔同样指出,谢弗、舍费尔、凯奇具有殖民主义倾向:谢弗及其"世界声景计划"团队的某些成员带有浪漫主义与新殖民主义动机【如通过声景作曲的方式突出乡村,放大东方(印度)的异域性】;舍费尔使用现象学方法,强调纯粹聆听,但将聆听的社会语境加上括号,悬而不论;凯奇倡导的聆听则如小资沙龙活动。(Bull, 2020)为了区别于谢弗、舍费尔、凯奇引领的声音研究,布尔选择使用"听觉文化"一词。

值得庆幸的是,近年出现了不少对声音研究中始终缺席的南方世界(global south)的关注。希崔克·费尔蒙特(Cedrik Fermont)和迪米特里·德拉·法伊尔(Dimitri Della Faille)合著的 *Not Your World Music: Noise In South East Asia*, 2016(《不是你的世界音乐:在东南亚的噪声》)一书带有非常明确的反殖民、反性别歧视立场,他们对东南亚各地区的噪声音乐人进行了访谈,并采用众筹的方式出版,将西方标准可能对内容造成的限制降到最低。妮娜·孙·艾兹海姆（Nina Sun Eidsheim）在 *The Race of Sound*（《声音的种族》，2019）中通过对人声的去自然化分析，揭示了那些看似自然的人声特征实际上与种族、性别的社会构建密不可分，也提醒听者时刻自省自己不自觉动用的衡量人声的机制偏见。盖文·斯坦戈（Gavin Steingo）和吉姆·赛克斯（Jim Sykes）主编的论义集 *Remapping Sound Studies*（《重绘声音研究地图》，2019）更是通过对非洲、南亚、东南亚、拉丁美洲、中东等地区的声音研究，挑战和拓宽了基于北方世界（global north）的声音研究框架。

白人男性听觉

声音知识生产中的性别化问题（聆听主体的男性主义以及对聆听客体的女性化操作）近年成了批判的核心。凯奇、布莱恩·伊诺（Brian Eno）、克里斯托夫·考克斯（Christoph Cox）等人逐渐形成的声音美学被批为"白人男性听觉"。音乐史学者本杰明·佩库特（Ben Piekut）认为，"凯奇重复了白人、男性主义、欧洲中心主义观点的自我隐形操作，使自己成为声音本质的听觉观察者"（Piekut, 2012）；实验音乐学者乔治·刘易斯（George Lewis）提出，

"白人观使凯奇成为美学价值的客观仲裁者，因此以欧洲音乐价值观为标准，认为非洲即兴音乐需要改进才能变得更加'自由'"（Lewis, 1996）。凯奇的推崇者、哲学家考克斯继承了凯奇的众多观念，力推声音本体论。玛丽·汤普森（Marie Thompson）火药味十足地指出，考克斯的声音本体论是一种与白人观和殖民历史密切相关的声音本体-认知论（ontoepistemology of sound）；考克斯对凯奇的阅读具有选择性，他刻意将凯奇美学与其政治意涵分开，就如同他将声音的物质性与意义分开、将声音的本质与文化分开一样，使得声音本体论与社会性的互相构建机制变得模糊。

玛丽·汤普森用专辑 *Airport Symphony*（《机场交响乐》, 2007）来说明何为她所谓的"白人听觉"：这张专辑收集了多个国家的知名声音艺术家和实验音乐人的录音作品，但所有作品在风格上都是趋同的，"缓慢变化的低音、抽象的嗡鸣、温柔的隆隆声"，这些抽象的、非人格化的机场声景正好与考克斯提倡的以本体论为导向的声音艺术作品相符；正是白人式的聆听预测了这种无聊的、没有个性且充满消费主义的机场声音。而美国实验电子音乐人奇诺·阿莫比（Chino Amobi）的专辑 *Airport Music for Black Folk*（《黑人的机场音乐》, 2016）则提供了一种机场种族化体验，它是白人式聆听所无法感知的。当黑人社会生活变得可感知时，那种视白人观为感官本体基础的错觉就变得再明显不过了。（Thompson, 2017）

以耳为中心

在声音研究的初期，几乎所有研究都围绕听人（相对于聋人而言，指无听力障碍的人，是一种更科学的、避免感官歧视的说法）展开，并易将听与看进行对比甚至对立。然而，感官能力本应该是多样性的，感官能力之间总是流动的。奇特勒（Friedrich Kittler）认为，所有的媒介从根本上都具有军事起源。（Kittler, 1999）而近年来，越来越多的学者提出论证，认为听觉技术（包括唱盘机、电话）之所以被发明，很重要的一个原因是其被用作聋人教育和呈现聋人听觉。（Sterne, 2003; Schwartz, 2011; Mills, 2010; Friedner & Helmreich, 2012）玛拉·米尔斯（Mara Mills）的研究尤其尖锐地指出，听觉媒介的发展从一开始就依赖于听障人士，他们总被用作改进听觉技术的工具。（Mills, 2010）

音乐及声音艺术的创作也多以听人为中心，这也使得极少的几位关注听障体验的声音艺术家显得非常可贵。艺术家塔里克·阿图伊（Tarek Atoui）与听障人士合作，探索听觉的多种可能性（展览 Within/Infinite Ear, 2016）。有先天听力障碍的艺术家金善（Christine Sun Kim）则以声音为主要创作媒介，巧妙使用绘画、表演、装置等艺术形式解构声音与聆听，质疑人们习以为常的接收声音的方式（*Game of Skills*, 2015），并让人们意识到对声音的感知会时刻受到各种其它因素的影响（Close Readings, 2016）。金善的作品提醒我们，声音可以不被听到，但声音可以被看到，感觉到和想到。（*The Sound of Obsessing*, 2020; *With a Capital D*, 2018）

从早期的声音研究中可以看出，（针对感知和体验的）现象学和精神分析从一开始就是主导的理论方法与视角。随后，对声音和听觉的社会文化功能的关注，使得建构论成为主要的声音研究思路。近几年，随着人文领域中后人类、多物种等话语的兴起，对声音的本体论阐释多以新物质主义为主，同时现象学始终与之相角力。一直以来，现象学与新物质主义、新物质主义与文化建构论、本体论与认知论之间的辩论从未停止过。

需要强调的是，声音研究作为一个学术研究领域（声音作为理论生产资源）始于 20 世纪后期，但在这之前对声音的思考与使用声音的创作并不少。安娜·玛丽亚·奥乔亚·戈蒂耶（Ana María Ochoa Gautier）在专著 *Aurality*（《听觉》, 2014）中，研究了作为 19 世纪全球植物学与地理科学考察重地的哥伦比亚的听觉实践的多样性。我在新书 *Half Sound, Half Philosophy*（《一半声音，一半哲学》, 2021）中，追溯了古代中国的声音思想、声学技术，并寻找其在当代艺术创作中的回声与共振。我对"中国古代声学即气的声学"这一理论的论证，也在试图打开中西声音哲学研究的对话场域。

圄于篇幅，关于声音研究还有很多有趣和重要的议题未能呈现，比如澳大利亚近年丰富的声音研究。但至少通过本文，我想展现出声音研究的美妙性与复杂性，同时暴露其亟需解决和反思的糟糕之处。希望声音研究能为越来越多的学者——无论其学科背景——提供并互通智力资源。希望对声音的学术研究与思考最终能够为人类个体、集体的共存增加一点智慧，而非止步于理论积累。

* 参考文献

ATTALI J. Noise: The Political Economy of Music[M]. Minneapolis: University of Minnesota Press, 1985.

BULL M. Listening to Race and Colonialism within Sound Studies?[J]. Sound Studies: An Interdisciplinary Journal, 2020, 6: 1, 83-94.

CHION M. Audio-Vision: Sound on Screen[M]. New York: Columbia University Press, 1994.

CHION M. Film, a Sound Art[M]. New York: Columbia University Press, 2009.

CHION M. Sound: An Acoulogical Treatise[M]. Durham: Duke University Press, 2016.

CORBIN A. Village Bells: Sound and Meaning in the Nineteenth-Century French Countryside[M]. New York: Columbia University Press, 1998.

COX C. Sonic Flux: Sound, Art, and Metaphysics[M]. Chicago, London: The University of Chicago Press, 2018a.

EIDSHEIM N S. The Race of Sound: Listening, Timbre, and Vocality in African American Music[M]. Durham: Duke University Press, 2019.

FELD S. Sound and Sentiment: Birds, Weeping, Poetics, and Song in Kaluli Expression[M]. Durham: Duke University Press, 2012.

HELMREICH S. Sounding The Limits Of Life: Essays in the Anthropology Of Biology and Beyond[M]. Princeton, New Jersey: Princeton University Press, 2016.

IHDE D. Listening and Voice: A Phenomenology of Sound[M]. Athens: Ohio University Press, 1976.KITTLER F. Gramophone, Film, Typewriter[M]. California: Stanford University, 1999.

LEWIS G. Improvised Music after 1950: Afrological and Eurological Perspectives[J]. Black Music Research Journal, 1996, 16,(1): 91-122.

GAUTIER O, MARÍA A. Aurality: Listening and Knowledge in Nineteenth-Century Colombia[M]. Durham: Duke University Press, 2015.

PIEKUT B. Sound's Modest Witness: Notes on Cage and Modernism[J]. Contemporary Music Review, 2012, 31(1): 3-18.

SCHAFER R M. The Soundscape: Our Sonic Environment and The Tuning of The World[M]. Rochester, Vt.: Destiny Books, 1993.

STEINGO G, SYKES J. Remapping Sound Studies[M]. Durham: Duke University Press, 2019.

STERNE J. The Audible Past: Cultural Origins of Sound Reproduction[M]. Durham: Duke University Press, 2003.

WANG J. Half Sound, Half Philosophy: Aesthetics, Politics, and History of China's Sound Art[M]. London: Bloomsbury, 2021.

开放的本土研究：
历史人类学的实践与前瞻

赵世瑜（北京大学历史学系）

1999 年，人类学者王铭铭出版了《逝去的繁荣：一座老城的历史人类学考察》，以人类学的眼光重新审视以往被置于海外交通史框架内的泉州历史。2003 年，历史学者王明珂出版了《羌在汉藏之间：川西羌族的历史人类学研究》，在我看来，尽管其中有"历史篇"，但同样是以人类学的眼光重新审视羌族史。2001 年，在历史学者和人类学者共同参与的一些研究计划的基础上，中山大学成立了历史人类学研究中心，2003 年开始出版《历史人类学学刊》，同年多所高校联合举办了首届历史人类学高级研修班。自世纪之交，中国不同学科背景的学者不约而同地在自己的作品、创设的机构、举办的活动中使用"历史人类学"这一概念，至今已有大约 20 年了。

我赞同人类学者张小军在《历史人类学学刊》创刊号上发表的《历史的人类学化和人类学的历史化——兼论被史学"抢注"的历史人类学》一文中的说法，即在法国年鉴学派提出这个概念之前，人类学内部一直不乏对历史的关注。不过，1961 年，人类学者埃文斯-普理查德（Edward Evan Evans-Pritchard）做了题为"人类学与历史学"的讲座，随后历史学者基思·托马斯（Keith Vivian Thomas）则以"历史学与人类学"为题予以回应。前者认为，当时占支配地位的马林诺夫斯基和拉德克利夫-布朗一脉对历史充满敌意，而涂尔干即便不是反历史的，也是非历史的（ahistorical）；后者则发现，如今没有什么比建议历史学者从人类学那里受益更新奇和更古怪的了。这都说明，在 20 世纪中叶，人类学和历史学的合作和互惠还没有达到可操作的程度。

但到了 70 年代，年鉴学派第三代学者正式打出"历史人类学"的旗号，勒高夫（Jacques Le Goff）等人主编的《新史学》中收录的文章都是在 70 年代中期发表的；几乎同时，人类学者也开始用"历史"来冲击"结构-功能"。西佛曼（Marilyn Silverman）与格里福（Philip Hugh Gulliver）主编的《走进历史田野：历史人类学的爱尔兰史个案研究》一书的理念也源于70年代末，成书于1992年。在该书中，我们可以看到欧洲学者的历史人类学早期实践，在他们那里，"社会史"和"历史人类学"是有区别的，且历史学者（特别是社会史学者）对人类学的兴趣比人类学者对历史学的更为浓厚。在世纪之交的中国，情况也大体如此。

▽

在《从社会史到中国社会的历史人类学》一文中，我和申斌提到了对中国社会进行历史人类学研究的三个学术源头：一是1918年以来中国的民俗学传统，二是20世纪30年代以来的中国社会经济史传统，三是20世纪30年代以来人类学的中国研究传统。这三个源头虽然都有域外的学术渊源，甚至有欧美学者的参与，但整体上都是对中国社会历史的探索。欧美人类学者如施坚雅、莫里斯·弗里德曼、华琛等人的代表性作品在中国社会史研究中的受关注度也许比在人类学界更高，这就决定了"历史人类学"这个貌似应该属于人类学的领域在中国主要是由历史学者在实践。

由历史学者开展的历史人类学研究往往还有另外一个称呼：华南研究。除因观察对象主要在广东和福建等华南地区，还因研究者都承认继承了傅衣凌、梁方仲的传统，且从20世纪80年代后期起，形成了粤港闽台对于华南研究的跨学科合作。后两点原因实际上将当下华南研究的成果划分为两个阶段，即社会史的社会经济史取向和社会史的社会文化史取向，该转向显然与跨地域、跨学科的合作有直接关系。至世纪之交，华南研究的关注所及区域已不限于狭义的华南，用科大卫的话说，"华南"的北界已达中国的北疆。所以，若要给华南研究下一个言简意赅的定义，那就是"中国社会的历史人类学研究"。

从世纪之交至今的20余年间，这一领域出版了若干系列丛书、资料集和论著。概括起来，这一研究视角下的学术实践主要体现在如下几个方面：

首先，对地方民间文献的搜集、整理、出版工作已遍地开花。之前，对地方民间文献的大规模搜集主要体现在徽州文书上，但这些工作还不是将其作为田野调查工作的组成部分，更没有按照后来的"原生态"原则去搜集和整理。重要的是，研究者对待这些契约文书大多延续的是当年对待敦煌吐鲁番文书的态度，就像搜集、整理碑刻延续的是对待古代金石学的态度一样，没有把这些资料视为当地民众生活的一部分，与具体的人的能动行为联系起来。

2002年，中山大学的团队以张应强为先导，到黔东南做田野研究，其中重要的工作是对清水江流域的百姓家中收藏的数以万计的契约文书进行搜集、整理和保护。虽然此前已有日本学者和贵州当地学者合作做了一些工作，但只是极小的一部分。从这时开始，随着中山大学搜集、整理的文书大量出版，贵州本地高校和科研机构也加入进来，《黎平文书》等清水江流域各县市保存的契约文书也陆续出版，由此开始了继20世纪初的敦煌吐鲁番文书、20世纪中叶的徽州文书之后的第三次大规模搜集、整理和出版契约文书的浪潮。由彼时至今，厦门大学郑振满团队仍在福建永泰搜集、整理当地契约文书，不久将会有百册巨著问世。

契约文书只是地方民间文献的一类，更为大家熟知的是地方档案，已整理出版的包括《龙泉司法档案选编》（96册）、《清代四川南部县衙门档案》（308册）等，以及由曹树基在上海交通大学开始建设的地方档案数据库。另外出版的还有各种地方社团档案，如《苏州商会档案丛编》《东莞明伦堂档案》等，而像曲阜孔府档案等也在整理中。同契约文书一样，虽然对历史档案的利用始自 20 世纪初，但其并没有得到普遍重视，更为重要的是，多数利用者并未将这些档案置于其所在的地方情境之中，而是用来说明一个相对抽象的"中国"。

地方民间文献也不仅限于上述文类及碑刻、族谱。比如，梁方仲研究易知由单时提到的赋役全书、粮册、黄册、鱼鳞图册、奏销册、土地执照、田契、串票，以及各种完粮的收据与凭单。此外还有很多与官府无关的东西，比如人情簿、科仪书、账簿、会簿，寺庙中的题记、铭文、楹联、神像等。这些东西不像州县档案那样容易搜集和整理，也不受政府部门和出版机构重视，所以流失得更快。

事实上，上文提及和未提及的许多地方民间文献的文类已经大大超越了传统文献学的四部分类所能容纳的范围，但在总体上又不应跳出传统文献学另起炉灶，因为它们毕竟也是中国传统社会产出的文献的组成部分。遗憾的是，文献学研究者尚未对这一挑战做出积极回应。

其次，历史人类学的理念和视角已经在更多学科领域中受到重视。历史人类学本身就具有跨学科特征，它在中国社会的实践也始终有人类学者的参与，但这里不是说人类学理念和方法受到其他学科领域的重视——如果是那样，只能算是人类学的影响；而是说，受到人类学理念和方法影响的历史学实践得到了他们的注意。比如，历史人类学学者利用地方档案、族谱、契约文书等地方民间文献对传统法律史的讨论形成了冲击，吸引法学内部的法律史学者与其频繁对话，形成了所谓"法律社会史"的研究路径。传统的法制史研究主要基于固化为法典的文献，且往往从州县的"司法档案"甚至中央的"司法档案"入手。这些研究多专注于国家各级司法审判的过程，再透过司法档案来看社会的方方面面，但这样看到的可能只是社会的很小一部分，即从进入司法审判程序以后形成的材料中看到的社会（诉讼多集中在户婚、田土这两类事情上，但这并非社会的全部）。历史人类学倡导人们回到这些诉讼文献的原生态，进行研究时需要分辨后来用作诉讼证据的不同文献最初是什么文献，后来为什么成为诉讼证据和判词的一部分，倡导人们进入诉讼发生的历史情境，深切关注诉讼两造以及相关的各种力量在特定时代的特定地域的生活遭遇。

艺术研究领域中的音乐、戏曲、舞蹈等学科与历史人类学也产生了交集，特别是在研究者认识到中国传统音乐、戏曲、舞蹈等均与祭祀仪式有关，并将注意力转移到生活世界中的人之后。在美术或艺术史领域，虽然传统的文人作品仍然是主要研究对象，但有些学者除了开始解读考古发掘的图像资料，形成"美术考古"的路径外，也注意到历史人类学对民间图像的关注和解析，努力了解后者如何在地域社会的具体情境中理解图像的意义。文学界在20世纪90年代出现所谓"史学转向"，甚至提出"社会史视野下的中国现当代文学研究"的构想。尽管论者的"社会史视野"不尽同于历史学界特别是社会史学界对此概念的表达，但我认为其理念与历史人类学有颇多相合之处。

再次，由历史人类学理念推动的中国社会史研究，与以往相比，在更大程度上从原来的明清史领域扩展到了中古史和近现代史领域。在过往的20年中，历史人类学遇到的最大质疑之一，是说这一研究路径更适合供研究明清及其后的历史的学者参考，而对中古乃至更早时期的历史研究者来说，不大容易付诸实践。我一直以为，这些技术问题的确存在，而且具有普遍性，但这种情况从来没有使明清史以前的历史研究消亡，考古学、人类学也都是在这种压力下诞生的。

王明珂的《羌在汉藏之间》基本上是人类学的，但《华夏边缘：历史记忆与族群认同》和《英雄祖先与弟兄民族：根基历史的文本与情境》是历史学的，他是要"利用考古、文献与人类学资料，来解答一些中国历史中被忽略的重大问题"，试图通过不同文类和文本来揭示多元化的"历史本相"和"历史心性"，所涉内容多在先秦至秦汉时期。侯旭东以前研究北朝造像记的社会史，后来声称与社会史告别，转入"日常统治史"（制度、官吏、日常政务）的研究，但他仍认为要"返回历史现场，捕捉时代氛围与时人的感受"。

魏斌的《"山中"的六朝史》以"山中"为城市与乡村之外的第三种空间，虽然并未涉及山中的普通人及其生计，但他注意到了山岳对于皇室和士族官僚有同样的生计和信仰意义，他所说"'山中'世界有别于正史等文献勾勒的官方历史，从中可以更切实地感受到普通的个体生命'活着'的状态"，与侯旭东的说法同心同理。

2019年11月，首都师范大学历史学院组织了中古史学者对话历史人类学学者的工作坊，相关学者展开了有启发性的积极讨论。刘志伟认为，"从梁启超提出新史学开始，中国历史研究就已经有历史人类学的色彩，上古史和考古学的研究最为明显。中古史与明清史的对话背后，都有不同程度、不同方式的历史人类学的味道。……在历史人类学的历史观下，我们通过中古史与明清史以及不同时代的历史的对话，将被朝代分割的历史重新打通"。仇鹿鸣表示，"华南的工作对我们最大的启示，就是如何在共情的情况下理解'人'，而不是研究文献上的'人'"。在胡鸿看来，"做中古民族史研究，也非常受益于华南族群研究。区域文化传统融入中国所谓主流文化之后，是叠加而不是取代的过程，叠加总是会留存原生文化的底色"。杜正贞认为，"每一个'人'的观念和行为中都承载着经过他自己主动选择和诠释过的'历史'，所以对近世的'人'的理解，需要中古历史研究的支持"。在具体的个案研究中，历史人类学的区域研究显然努力从明清时段追溯问题的更早源头，中古史研究则有这样的共识，即材料的多寡是客观存在，但这不是主要问题，更重要的是对人的研究的理解与回应，在研究视角和方向上与历史人类学的主张并无分歧。

最后，这开启了新一轮历史学与社会科学的对话。在中国学界，虽然跨学科研究并不是新鲜事，但历史学与社会科学的学术对话并非常态。20世纪上半叶，年鉴学派的第一、二代主要就是倡导历史学与社会科学的合作，《年鉴》杂志的发刊词中就号召拆除学科之间的藩篱。在中国，不多的例子——如吴晗和费孝通的《皇权与绅权》、瞿同祖的《中国法律与中国社会》、《食货》半月刊上的许多文章等——可以说是这种对话的第一波。此后的一段时间，社会学、法学、政治学、人类学、民俗学等销声匿迹，经济学被简化成政治经济学，历史学倒成为一门"独大"的"社会科学"。因此，重启中国的历史学与社会科学之间的对话，必须先经历各自的重建过程，然后进入各自的自我反思过程，才有可能实现。

2002年8月，杨念群倡议召开的以"新史学"为主题的香山会议，可以说是新一轮历史学与社会科学对话的开端。会上集合了历史学、人类学、社会学、法学、文学等多学科的学者，会后出版了论文集和延续至今的"新史学丛书"。2020年11月，北京大学文研院、历史学系和社会学系又联合召开了"历史学、社会学、人类学视野下的中国史"系列论坛。在这两次会议中，历史人类学者都有参与，与前次相比，学者们已不再限于表明各自的立场和主张，而是在长期具体研究的基础上，对共同关心的历史过程进行深入交流。

事实上，历史人类学在中国的实践起步之时，就已体现出跨学科的合作与对话，而且这些合作和对话往往是在田野中，也即当下的生活世界中展开的。历史人类学与主流历史研究的很大不同，在于其研究的问题是从当下的世界、人们生活当中发掘出来的。用刘永华的话说，就是"从当下切入，回望历史"。这个出发点使其与社会科学有了天然的交集，由此，其与社会科学和其他人文学科就历史问题的对话与讨论日渐增多，便也是自然而然的。

未来，中国的历史人类学研究还有许多工作要做。

首先，郑振满倡导的民间文献学在前辈和后学数十年共同积累的基础上，已经到了体系化的时候，这将促使传统的历史文献学或古代文献学不得不进行重建，而且将充分体现中国的历史人类学的特色。当然，直到今天，关于民间文献的定义、分类还有许多聚讼纷纭的问题，但这并不是我们止步不前的借口。

众所周知，我们所说的地方民间文献在产生之后会根据需要不断"变身"。这不仅是人们根据不同的原则对材料进行分类造成的困境，也是资料本身的用途不断变化的结果。在这个意义上，民间文献学需要和针对传世文献的历史文献学一样，进行陈垣先生所谓的"史源学"辨析，或者说，回到文献的原生态。

回到文献的原生态只是为了更好地理解文献，而不是最终目的。我们在定义民间文献时，首先要看它们是不是产生于民间。比如地方文人的文集、乡镇志等可以算作地方文献，但不能归入民间文献。是否产生于民间并不是唯一的标准，还要看它们是不是为民众生活所用，或者说，是否在民众的生活世界中发挥作用。比如官府颁发的纳税执照虽不产生于民间，但它被百姓收执，于他们有用，可以避免胥吏作弊，值得保存在手里，它就变成了民间文献。相反，中古时期的贵族谱牒就不能被划入民间文献。

从人的生产、生活（生存策略）出发来构建民间文献学，是历史人类学的资料学的需要，是将历史人类学的田野观察纳入资料学的要求。事实上，历史人类学的民间文献学也可以"文献人类学"称之。这一方面是因为人类学者在中国的研究不可能脱离文献去理解世界，所以王铭铭在其《文字的魔力：关于书写的人类学》（刊于《社会学研究》，2010年第2期）一文中指出了人类学传统中的"无文字主义"，进而论述了巫术与文字的关系，引证了张光直"文字离乡"的看法，认为"那种视'无文字社会'为可能的人类学，并无根据"。

另一方面，历史人类学要面对历史学同行的追问，比如，更早的时期没有民间文献怎么办？历史人类学难道只能是明清史的自娱自乐吗？最近几次与中古史的对话都集中体现出这一点。虽然可以对20世纪以后的历史进行历史人类学研究，但刻薄地说，因为面对的文献已几乎没有理解上的难度，这些工作人类学者或社会学者也可以做。所以，如傅斯年说的"史学即史料学"一样，历史人类学的命门也在于民间文献学。

我的看法是，应该从民间文献的解读与研究中总结出一种视角和方法，它是与传统的文献学方法（小学的方法）不同的东西，也是和欧洲汉学的文献学方法不同的东西，即让文献回到它们的原生态，回到其生活的本来位置，然后再去考虑它们的变身问题，这是人类学教给我们的。相对于传统的历史文献学，这可以被称为民间文献学；但从历史人类学的方法论角度来说，也可以称其为"文献人类学"。人类学有一套处理通过访谈和观察所获取的资料的方法，叫作民族志书写，能不能把这套方法用在传世文献上？在解读民间文献时，我们都明白要回到那个具体的情境，但如果那个情境没有了怎么办？我们是不是只好回到传统历史文献学的方法上去？这些问题必须在民间文献学或者历史人类学的史料学建设中加以思考和解决。

其次，既然叫作历史人类学，就必然是一种跨学科的研究。出身历史学的人很少受过人类学的系统训练，出身人类学的人文献学的功夫则比较欠缺。尤其是双方背后还隐藏着历时性观照与共时性观照的张力。即使是历史学者，也无不同意历史人类学研究必须进行田野工作，但其绝不可仅限于民间文献搜集。诚然，搜集、整理和研究民间文献是历史人类学田野工作的一项重要内容，但与一般的人类学田野工作有很大不同，后者本来是从研究无文字社会开始的，这是人类学者开始研究有文字社会之后面对的新问题。即便将"历史人类学"视为一个平台，历史学与人类学可以在其上各擅胜场，但毕竟还需要对话，需要共享某些知识论和方法论，否则与发掘和利用"新史料"的传统历史学有何区别？

我个人认为，历史人类学的研究者都需要反躬自问：我们的历史研究是不是从当下的生活世界开始的？这是其与其他历史研究（包括社会史研究）的第一道分水岭，也是对历史人类学的田野工作并不只是搜集民间文献的证明。对于人类学者而言，这几乎是不言自明的，但对历史学者来说，在实践上则颇为困难。当社会史研究者开始带动历史学以"人"为中心的研究取向、注重弱势群体、从"边缘"看"中心"的时候，人们就已经注意到：传世文献具有很大的局限性，文献的作者往往是"他者"，而非"我者"。因此，二者的关系就不只是人类学的问题，也是历史学的问题。当然，历史学者在当下生活中遇到的"我者"并不能等同于历史上的"我者"，他们面对的"他我"关系要比人类学者复杂得多。但以我的经验，田野当中的观察和访谈有助于我们理解历史上的"我者",特别是有助于发现传世文献中隐藏的属于"我者"的信息。

当萧凤霞、刘志伟以"结构过程"这个概念概括珠江三角洲的历史人类学研究,科大卫以"礼仪标识"这个文化概念切入对中国社会历史的理解之时,人类学的理论关怀便已经在历史研究中凸显出来了。同样地,科大卫、刘志伟、刘永华等人都在研究中提到了华德英"意识模型"理论的价值,刘志伟也曾反复强调过弗里德曼"宗族语言"和"宗族宪章"概念的意义。在这些概念背后,是以列维-斯特劳斯、涂尔干、范热内普(Arnold van Gennep)、维克多·特纳(Victor Turner)等为代表的人类学学术史。但由于这些概念被纳入历史学的时间过程和中国社会独特的文化传统,它们不仅是人类学的,而且是中国化的。一般读者也许会认为这些研究者是在简单套用某些西方学术概念,却不知道这是在对中国历史和现实社会做了大量个案研究之后的接续学术传统的本土化批判性反思。

当然,历史人类学的跨学科努力不仅限于理论自觉。我们对区域历史过程中的口头叙事文本、图像文本、音乐和戏曲等表演文本、仪式文本以及建筑文本不仅不够关注,而且缺乏将其作为历史文本加以解读的能力。我们需要向民间文学、宗教研究、艺术史、建筑史等学科学习，意识到存在于每一地方或每一人群中的各种文本都是该地方、该人群文化传统的组成部分，仅依赖文字文本，将不足以展现整体历史面貌。当然，这对个体研究者来说也许是一种苛求，但却是朝向学术创新的努力方向。在学科训练和人才培养的过程中，我们应该鼓励研究者勇于探索和尝试，倾听不同学科学者对其研究材料的解读，发现对我们有启发的思想和方法。

历史人类学的研究者在进行了大量区域性个案研究或提供了许多民族志文本之后，必须时刻注意抬头看路，而不只是埋头拉车。我们不能顶着"跨学科"的光环，做着以往凭借单一学科背景也可以做的工作。历史人类学学者的任务是发现以往历史学和人类学没有提出过的历史研究课题，依据本土的生活经验对以往的历史学和人类学概念进行提升，对历史做出二者以往没有做出过的解释。

最后，历史人类学只是观察历史的一种立场，并无可能垄断历史叙事，即便是社会史研究内部也未必都接受或采取这一立场。在很多方面，社会史研究和历史人类学研究具有共性。如果有差异，除了二者对田野工作的态度不同，最大的差别也许是，社会史作为20世纪"新史学"的同义语，更多地体现出一种革命性——理念、方法、追求上的革命性，因此可以为更多的人（无论在史学界内部还是外部）所共享。但历史人类学是在这场具有意识形态意义的史学革命相对缓和之后出现的一种学术性探索，或者说是社会史的某种深化的努力，因此它强调的不是与传统史学对立，而是提出新的历史理解方式。

因此，历史人类学的一贯主张是：不回避传统史学提出的问题，也不能自说自话。传统史学也在不断创新，在原有的学术脉络中吸纳了新的、其他学科的理念和方法，比如对日常生活、个人生命史、小人物的关注，只是看作者是否愿意公开表述这种影响而已。对历史人类学来说，其意义就在于从自己的独特视角出发，参与从微观到宏观的各种历史讨论。我的近著《猛将还乡：洞庭东山的新江南史》并不表明我今后的研究要转入江南研究领域，而是试图以我理解的历史人类学为唐宋以来的江南史解释提供一种新的假说，从而成为上述看法的具体实践。事实上，华南研究以往的成果也都是在这个意义上努力前行所取得的。

30 年前，社会史研究在中国史学界被视为异类，到今天情况已大有改观。今天，历史人类学在中国史学界仍属异类（大概在人类学界也如此），这需要愿意采取这一立场或视角的学者的努力。许多学者担心历史人类学田野工作的局限性，担心出现"跨学科的迷失"，担心存在"小地方"研究无法解答"大历史"的问题，等等。其实这些问题在历史人类学领域早有答案，但之所以没有能够完全解惑，部分原因在于有影响力和说服力的成果不多，无法与积累了数百上千年的传统史学研究成果相比。不过反过来说，假如这些担心不是伪问题的话，传统史学研究也没有对此给出很好的答案，比如我们有没有担心过传统史学的文本有可能"迷失"在经学的思想框架中？对一个历史人物生卒年的考证、对一条简牍的释读等与"大历史"的关系如何？传统文献学的考据方法如何应对后现代主义的挑战，以解决将文献文本等同于历史事实的局限性问题？

换一个角度看，我们也可以将这些担心或批评视为对历史人类学的期许。历史人类学的民间文献学研究正努力为传统文献学提供更多样化的文献类型，并提供在生活世界的语境中理解文献而非仅仅以文献征引文献的新路径；历史人类学的"小地方"历史研究不仅对传统史学中的一些有意义的研究课题（如国家制度、经济开发、改朝换代、边疆族群等）做出了独辟蹊径的解释，也提出了一些有意义的新课题；历史人类学更没有放弃理论自觉，在跨学科对话中显示出以人的活动为中心、以强调历史学的实践意义为方法的历史哲学。

还是那句话，我们需要做出更多扎实的、有说服力的、对中国的历史学研究有更大贡献的研究。

实验艺术：全球视野与主体性
——与美术史学家巫鸿的一次对话

苏 伟（策展人）

2002 年，艺术史学家巫鸿在首届"广州当代艺术三年展"上，提出了"实验艺术"的概念，以此回望中国当代艺术家在 20 世纪 90 年代的艺术创作。在当时那个历史节点上，90 年代中国艺术实践者尝试想象和触摸的全球化，正在变成一种更为真切的现实。"实验艺术"统摄了边缘的、前卫的、革命性的和个体的维度，试图形成一种具有包容中国在地复杂的社会政治情形和个体经验的、区别于西方的讨论。

很多读者熟知的巫鸿是全球范围内中国古代文化和艺术

领域最为重要的学者之一；而同时，他也是中国当代艺术的观察者和当代艺术史的写作者。他用往返在中西方两种语境中的经验和思考，持续考察中国当代艺术的个案和历史逻辑。在全球化的，或者说一种中国式的重构与世界（西方）关系的氛围下，巫鸿尝试从当代艺术的内部和外部，勾描在地艺术实践的主体轮廓，进而塑造其与全球的对话。他的这一艺术史实践兼具了身在西方形成的经验和对中国在地情境的冷静观察，以一种积极的语调，辨析和连接中西两种语境中的文化诉求。

今天，回顾这段艺术史实践时，我们面临着一种新的情形：我们对于自身历史的感知方式，我们的兴趣和冷漠，正在被重新塑造，而全球化已经变成一种深刻的挑战；艺术机制、艺术话语、思想潮流与个体实践的历史共振，仍然需要在长久的努力中不断被评估和深描。历史的面目既是无序的，也是紧迫的。受到这种氛围的感召，若干艺术机构和研究者已在着手进行自身再历史化的实践，在来自西方艺术实践的参照与仍然徘徊着的社会主义美术的幽灵之间，开辟思考的阵地。回顾巫鸿20余年来的当代艺术史实践，能够给予后辈和今天的艺术从业者一次审视当下状况的机遇：从全球到在地、从个体个案到历史线索、从艺术语言到艺术机制，在他描绘的历史空间中，如何找到思想的线索和历史的刻度，回应我们今天的现实？

苏伟：很高兴能和您进行这次对话。我想主要围绕您在当代艺术方面的工作以及研究方法，并就今天的一些困境和问题，向您请教。首先，我想从您策划的第一届"广州当代艺术三年展"谈起。当时正好处在一个转换的节点上，不仅是新千年的开始，而且您所定义的实验艺术面临全球化的处境也开始真实地浮现。您当时把20世纪90年代的艺术实践定义为"实验艺术"，讨论它相对于西方的独立身份，它在文化和社会语境中的边缘性，以及它在媒介、语言、材料上的特征。能否请您描述一下，在"广州当代艺术三年展"提出"重新解读：中国实验艺术十年（1990—2000）"这个主题时，国内外具体的讨论环境是什么？

另外，在这次展览的过程中，您邀请了很多活跃于20世纪90年代的批评家撰文，包括黄专、朱其、凯伦·史密斯（Karen Smith）等，他们各有各的角度，您是怎么去规划这个讨论的总体框架的？

巫鸿：我在美国从20世纪90年代开始集中地关注当代

艺术，希望在教育、写作和展览这三个层次上都能比较正式地卷入。当时很多人对中国当代艺术的发展都有不同程度的参与，包括美国大学中的一些研究中国美术的教授也产生了兴趣。我当时对参与的程度比较敏感，是仅仅边缘地参加一下，写几篇文章、做几个访谈，还是更为严肃地投入较大的力量，真正当回事来做？这二者的区别很大。90年代中后期，我做了一个明确的决定：持续地跟随和密切关注当代艺术。这里包括两类关注：一类是对艺术、艺术家、艺术机制本身进行调研和理解；另一类是关注对中国当代艺术的各种论述，包括正面的和反面的、国内的和国外的，观察不同的说法，包括他们所用的词汇。通过第二类观察有时候会看到一些自然而然的概念，因为论述者可能会把自己对语境的理解、自己的文化身份或者所在地的政治情况带入进来。

因为我当时在国外，所以第二类关注就更为直接。我阅读的东西不仅有国内人（如"85新潮"的参与者）写的，也有很多是国外人写的对中国艺术当时情况的介绍和理解。我当时做的展览主要也是在国外的大学里，希望推广对中国当代艺术各个方面的了解和教育。我面对的观众和国内很不一样，因此就出现了怎么定义中国的这种新艺术的问题。

"实验艺术"这个词不是我发明的，当时有些艺术家已经在用，比如"实验电影""实验摄影"等。但是把"实验艺术"综合性地、整体性地用于定义1990年到2000年这10年的中国艺术实践，可能是我提得比较多、比较早。在当时的情况下，我觉得已有的其他词语都不太合适。比如说西方艺术中的"前卫"或"先锋"，就不适合用在这里。因为西方的前卫艺术有着自己的具体历史语境，所针对的是历史上的权威主义，是一种历史性的东西。这方面有很多理论上的讨论。而国内"文革"后兴起的新潮艺术的主要背景则是与官方艺术的关系问题，也有与国外重新接轨的问题，如果用西方的前卫理论来衡量中国的事情，就会发现情况有很大出入，有一种历史错位的感觉，研究西方艺术的人在这个语境中读到这个词也会感到困惑。当然，我们也可以尝试根据中国的情况对"前卫"进行重新定义，但这会是一个很复杂的工作，别人是否接受也很难估计。

苏伟：1988年《中国美术报》提出了"当代艺术"这个概念。当时您为什么没有选择这个概念？

巫鸿：相比于现代艺术来说，"当代艺术"的含义太广泛了，实际上在西方艺术中也并没有一个准确的定义，欧美讲当代艺术也常常是很笼统地划出一个时间范围。虽然西方学术界后来也有不少对"当代性"的讨论，我也参加了一些，但这种讨论的目的主要是在全球语境里做一些大面上的调整，没有形成太多定论和能够帮助历史分析的理论。所以整体的感觉是，对研究中国的20世纪90年代来说，"当代艺术"这个定义过于宽泛了。如果要严肃地谈当代性的问题，那就会把我们带回到"实验性"的问题上。

还有一些西方语境里常用的概念，我也抛弃了，比如"非官方艺术""地下艺术"等。为什么呢？当然中国实验艺术中不是没有"非官方"的方面，但是在西方语境里这些概念体现的是把政治性放在首要位置，甚至是唯一的位置。西方很多时候是从这个方面拥护或者接受中国当代艺术的。我认为我们虽然不需要回避这种视角，但是应该在一个合适的层次上和历史的环境中去讲。"非官方"是什么意思？"地下"就更复杂了，什么叫地下？中国90年代的许多展览确实是在非官方、非专业的空间里发生的，包括地下室、公寓、公园、树林、铁道边等，确实是有一些地下成分，但这和那种政治性的"地下工作"的含义和状态很不一样。在中国，当新艺术或非官方艺术从70年代末出现的时候，它们的成分和倾向是非常复杂多样的，从比较政治性的（如"星星画会"

中的一些作品）到"无名画会"的那种抒情的非政治性作品，再到体制中的一些专业艺术家组织的画会和展览中的带有形式主义倾向的作品，出现了很多潮流和样式。"地下"这个词对这些丰富的内容是无法概括的，甚至可能会产生误导。

鉴于"实验艺术"这个概念的更强的包容性和多向性，它用在这些情况里更为适合。我做"关于展览的展览"这个项目的时候，提出展览的机制和功能也可以带有很强的实验性，我称这种展览为"实验性展览"。所以实验性可以显示在很多方面上，只要艺术家、策展人或批评家通过自己的项目和计划去挑战既定的文化版图和艺术版图，希望向新的领域扩张，找到一种目前还不太存在的东西，就构成了一种艺术实验。

此外，我采用"实验艺术"这个词还因为这是一个已经在本地使用的词，而不是从外部硬性舶来的。一些艺术家、电影人当时已经在用它了，来指涉当时中国出现的新型艺术家和艺术品。虽然西方美术中也有这个词（experimental art），但用法不一，有时泛指艺术的一个固有性质，有时则强调对特殊材料和技术的使用。我采用这个词的时候并没有把它作为一个具有明确定义的外来语，因此也不存在与一个先入为主的理解进行对话、进行转译的问题。我最早是在国外通过组织"瞬间：20世纪末的中国实验艺术"（Transience：Chinese Experimental Art at the End of the Twentieth Century，1999）提出的这个概念，做了一些论证。提出以来也没有遇到西方美术评论家的异议。

苏伟：在20世纪90年代发生这些所谓的非官方性的、自我组织的展览时，您的在场多不多？

巫鸿：我1980年出国，1991年后才开始每年持续回国。第一次回国是参加一个写作计划，其中有高居翰（James Cahill）、班宗华（Richard Barnhart）等几位研究中国艺术史的学者，大家一起编写《中国绘画三千年》那本书。那次在北京做调研，刚巧就碰上策展人、批评家王林在北京策划"北京西三环艺术研究文献（资料）展"。我和高居翰、班宗华还一人掏了100美元，在王林的帮助下把整个展览的文献复制了一套拿到美国，试图做个展览，但没能成功。那些文献当时放在哈佛大学路贝尔东亚美术图书馆，后来由我带到了芝加哥大学，其间都不断有人借阅使用。1994年我转去芝加哥大学，一个很重要的原因就是芝大美术馆对中国当代艺术非常有兴趣。他们的馆长也成了我的好朋友，她非常支持我做这种展览。因此从 1999 年开始我们在芝加哥做了好几个大型展览。

苏伟: 我记得您当时对那段时间的论述比较注重全球化这个议题,而且基本是用积极的语调在讲。一方面,面对西方,我们有这样一个身份;另一方面,回过头来观察这些活跃在 2000 年左右的艺术家,很多人已经出现对全球化的要求了。对全球化的激进想象伴随着全球化越来越多地成为我们的现实,比如大家会讨论资本流动、生产、价值,这些问题都跟全球化有关。换句话说,90 年代大家预感到的东西已经变成了现实。那么我想请教您的是,今天去回看全球化,我们都能注意到过度拥抱全球化的后果,或者至少是一种持续性的效应。比如在新的两三代艺术家身上,普遍存在着对历史的一种平面化的要求,甚至是去历史、去政治的诉求。与此同时,大量的困惑也出现了:对于自身的认识在新自由主义的旋涡里无法厘清,大家纠缠于政治的在场、离场,而无力进行历史的思辨和批判。今天,您可能也观察到,不少新一代的艺术家转向了本土文化和社会现象的研究,他们重新受到左翼思潮的感召,这都与全球化成为现实之后带来的影响有关。您怎么看待今天的这个状况?

巫鸿：先不说今天的情况，因为我也不知道现下是怎么了，为什么会出现这么多的问题（笑）。但是我觉得我们肯定需要不断地反思。开始的时候，我觉得包括我个人在内的很多知识人，对全球化这个概念还是比较愿意拥抱的。因为我们都是从"冷战"时期走出来的人。极端的意识形态化和区域封锁的终结，一道道铁幕的坍塌，在当时对我们的心态是具有决定性意义的。所以到了90年代，全球化的风潮看起来很像是一个自然的结论：墙也倒了，世界不过是个圆。知识人着迷于全球化带来的在人性层次上的可能性，至少人们可以互相说话了，可以在全球各地跑来跑去了。这当然是最基本的层次，知识阶层当然也了解全球化的本质是经济和商业的联合、媒体的联合，也了解个人经验不能完全和这种层次上的全球化捆绑在一起。但是个人的经验在思想观念的形成中是非常有力的。从铁幕之后到全球旅行的可能性，我可以回国研究当代艺术，然后回到美国做展览，这不能说不是全球化的一部分。

　　从当代艺术的角度看，全球化的一个首要表征是双年展的盛行。双年展和三年展这类大型展览在20世纪90年代后成为一个全球现象，代表了最明显的当代艺术的全球化。2000年的"第三届上海双年展"就采用了这种全球通用的模式，由独立策展人策划，邀请了二百多位不同国家和地区的艺术家参加。但是当时这个全球化模式已经和"地方"有些冲突了，比如出现了对抗那届上海双年展的名为"不合作"的展览。依据我当时看展的经验，无论国内还是国外的双年展和三年展，都很少提出真正、具体的问题。常见的情况是起一个带有些诗意的和普世性的题目，请上几百个艺术家。大家累得一塌糊涂，却不一定知道在忙什么。在中国，"上海双年展"所面对的真实问题实际上是一个相当简单的当代艺术"合法化"的问题，艺术本身的问题并不在场。

大约一年后，广东美术馆馆长王璜生邀请我来策划"广州当代艺术三年展"。我当时的想法是，我们自己应该把中国当代艺术的概念和经验，把自己的状况先梳理一下，再跳到全球的大海里去游泳。这听起来好像有点违背全球化的潮流：全球化是全球的，你怎么又跑去做一个什么"中国实验艺术"展览？但因为我是做历史的，我感到我们有那么多材料，而且在我看来确实有很好的艺术家和作品，但是研究非常不够。现在有做大展的机会，那不如请许多艺术家、策展人、批评家、理论家一起来讨论，看看我们的当代艺术到底是怎么样的。现在回顾起来，也可以说这既是利用了全球化的环境，也是对它的一种适当抵抗。

很感谢当时王璜生馆长赞同我的想法。同时，我找到黄专和冯博一一起策划。当时有人认为这两个人离体制有点远，而且冯博一在上海刚刚做完"不合作"展，是个"危险人物"。不过我觉得他们二位对艺术家相当熟悉，态度比较公允，没有过分的政治化或去政治化的倾向。我觉得做这种大型回顾性展览需要这种品质，需要从具体的情况出发，而不是民族主义或者任何主义出发，不是针对什么的。展览画册很厚，包括了十来篇文章，文章主题是我设定的，涉及绘画、电影、录像、观念艺术、行为艺术等各个方面。

苏伟： 这些文章在今天读起来都特别有问题感，因为和今天太相关了，当然这里不是讲对和错的问题。比如朱其在文章里提到"观念艺术"和"概念艺术"的区别。他把90年代做了一个分期，认为在1994年之前，大家做的观念艺术都是一些带有具象性的东西，只不过材料和媒介转变了，表达手段还是具象的。而这之后，有的艺术家走向了更为观念性和批判性的方向。同时，面对新刻度小组、施勇、钱喂康这些更为激进的艺术家或艺术团体，他将他们所做的称为概念艺术，也就是彻底去除了作品，只留下文本、观念和词汇的艺术。

当然，这样的定义我们今天可以再去讨论。但从整体上讲，我读到了一个信号，那就是大家对观念艺术的认识非常不一样。观念艺术到底是什么？有的人会讲是一种紧急状态，一种在没有官方体制和资金支持下的个体能动性的呈现；有的人会说是革命性，就像您提到的边缘一样，这是一种相对于什么事情的革命性；有的人则认为去掉人的维度——"去人化"很重要，反对情感、反对人的经验；有的人甚至会极端地说艺术就是趣味。其实从今天看，这里面倒是能看到一个共性：这些经历过 90 年代的艺术家都有很强的政治性思维，不是指现实政治，而是一种在针对性、关联性和自觉意义上的政治性思维。您怎么看待这些不同的角度？怎么理解这种政治性思维？

巫鸿：就像你说的，90 年代的艺术家确实有一种广义的政治性。从 80 年代到 90 年代，实际上已经有两代或者三代艺术家出现了。从改革开放初期开始，甚至更早，大家其实就在共享一个社会和政治的大环境。不论是"文革"的环境还是"文革"后的环境，这些环境本身都具有很强的政治性和社会性。90 年代活跃的艺术家一般都经历过"文革"，他们一般是 60 年代生人。这种个人经验进而与 90 年代的社会变革、城市剧变碰撞在一起，很多作品是在这个背景下出现的。对在这种环境下成长起来的艺术家来说，大家无须互相提示这个背景，这些资源都是很自然共享的。

但到了 2000 年之后，这种共享的东西就逐渐稀薄甚至消解了。创作者的个人境遇，包括生长环境、接受美术教育的途径、出国上学、参与全球展览、自己的阅读和思考等等，这些东西的影响力相对来说更强了。不同于在此之前大家在一个大环境中自然而然的生长方式，此时个人反思也变得更为重要了。即便是对大环境的卷入，比如一些艺术家回过头去观察城市、表现废墟等，虽然有点像是 90 年代的回声和寻根，但也常常是个人反思的结果。

苏伟：您认为该如何去看待这种政治性态度的源头？刚才您提到的一个重要背景是他们的出生年代，这可能是一个源头。如果从艺术里面讲，政治性和激进性从哪里来？

巫鸿：我说说"实验性"从哪里来的吧——对我来说就是人的主体性。我一般不从大的理论假设出发去看历史，而往往是关注个案。对古代艺术如此，对当代艺术也是如此。从当代的角度讲，我以人——也就是艺术家，有时也包括批评家和组织者——为核心，而不是以作品为核心。我个人比较欣赏爱思考并且总愿意往前推进而不是重复自己工作的艺术家。即使他们非重复不可，那也是些给自己施加巨大压力的重复，不是机械性的重复。这种带有反思性的"重复"有时候会更难，因为艺术家必须在自己的风格里头找更新的东西，找不到就会很痛苦。另一些艺术家的创作则跳跃性很强，无穷无尽的想法像放烟火一样，这也是一个路子，也可以包含思考。

另外，我觉得艺术家还得有底蕴。"底蕴"的意思很难界说，经验、技术和思想的积累都和它相关，没有积累我估计实验性走不了多远。积累是否能够构成政治性我不能说，但是没有实验性肯定没有政治性。反过来说，有政治性则不一定有实验性。我想这是因为政治性可能会变成宣传、变成姿态。个人的政治性很容易被集体政治性同化，这也是欧美知识人的经验。有时候一个艺术家似乎很个人化、很政治性，但仔细观察就能发现他在被一种集体的政治绑架。艺术家可能幻想在做一件宏大的有关人类或社会的事情，但其中的个人思辨成分可能很少。这是一个实际存在的问题，一种实际存在的辩证关系。

苏伟：您做的中国古代艺术研究，比如对一个墓室里器物的形制背后的礼仪、观念的研究，呈现一个器物所处的世界而不只是器物自身，观察它联系的远处和身在的近处。这个研究思路，在您对中国当代艺术的研究里也是一直存在的，对吗？

巫鸿：对，因为脑子不能劈成两半，但我也不是刻意要连接古代和今天，对我来说这更像是一种自然而然的发生。古代和当代当然也有不同，我把当代艺术视为一个变量，找寻它和观察者之间的平行位置，就像两辆并行的火车。历史研究则必须回过头看，需要发掘和总结很多东西。对今天的艺术家，我不太愿意做理论的总结，因为他们还在变，是进行时而非完成时。

我出过一本关于摄影的书叫《聚焦：摄影在中国》。有的读者喜欢前一半关于摄影史的内容，不太喜欢后一半关于当代摄影家的内容，觉得后者不构成学术课题或历史研究。对我来说，我很明确地借用了人类学的视角去看后一半里写的艺术家和他们的创作。其实这前后两部分都是以"人"为中心的，这是我做古代艺术和当代艺术研究中的一个主要观念。但是古代艺术中的人是死人，当代艺术中的人则是活人。

活人总在变化，需要慢慢观察，不能急着下定论。

也可以不期而遇。我在苏州博物馆策划的"画屏：传统与未来"展览，就提出既然当代艺术家都生活在以汉语为中心的文化系统里，与传统的语言、思维、意识那种结构性的漫长联系肯定还是存在的。通过语言，我们现在的思维和古人的思维应该还是可以勾连在一起的，这里面必然有传承的文化基因。

我如此做古代又做当代，所寻找的不是二者表面上的联系。比如一个通常的假定是：用水墨就是继承传统，做装置就是不继承传统。我觉得这太表面了，可能有的做装置的艺术家对传统艺术继承得更深，但他自己却并不一定知道。这没有关系，关键在于这种联系是在意识深层中存在的。我在美国做过一个关于"书"和当代中国艺术的展览，书这个东西和中国古代艺术、当代艺术都有非常深的因缘。比如古人说一个好艺术家需要"读万卷书，行万里路"，为什么不说摹一万张画呢？有意思的是很多优秀的当代艺术作品里也都包括"书"这个东西。艺术家可能是不自觉地、自然而然地就用了这种形式。比如徐冰就是一个以书为主题的艺术家，他也说过自己和书的情结，张晓刚也是，黄永砅用洗衣机洗书的那些作品也都是。这种联系不一定能够进入一般意义上的全球当代美术史写作，但是我觉得是值得挖掘的，因为它是这代中国当代艺术家特有的。我还做过一个围绕"三峡工程"的关于洪水和治水的项目，通过几个艺术家的创作来呈现，同时也涉及古代艺术中大禹治水的主题、流民图传统等。我觉得艺术家自己不需要特别有意地想古代和当代之间关系的问题，有些东西会自然而然地在创造过程中生长出来。

我在苏州博物馆策划的"画屏：传统与未来"这个展览，主要是想通过"画屏"这个契机，从空间、图形、器物的关系中去透视古今美术的关系。当代艺术界一般不太这么做展览，我是想找一个潜在的，也有些实验性的触碰点，也可能就是古人所说的"古今之感"。这个展览里面的当代艺术作品比我想象的要好，比如杨福东的《善恶的彼岸-第一章》，在一个三进的小院里展开，让电视屏和建筑空间发生关系，构成一种里里外外的错觉，做得比我预想的要深入很多。

苏伟：最后，我想提一个稍微大一些的问题。如果去描述20世纪90年代的艺术实践，个体性是一个非常关键的因素，这个时期对于个体性的塑造和想象占了非常大的比重。不过今天回看这种个体性的历史时，会有一种困惑。比如说当时非常激进的艺术家，今天可能完全转向了保守主义，甚至只从事带有很强商业性色彩的创作。激进的、观念性极强的艺术家，今天看起来完全是另一个样貌了。这样一种复杂的个体性，我的感觉是它必须是在一个什么限度内才能被描述为个体性，过了这个限度他的个体性好像又不是那么明显了。当时还有一个概念叫"文化主体性"，在思想界提得非常多，面对全球化不得不提这个东西。强调文化主体性这个概念在今天看来是一种官方叙事性，在知识界、艺术界，大家也在反思这个现象出现的复杂情境。其实无论个体性还是文化主体性，都是在讲"自觉"这个东西。您怎么看这种自觉在今天的可能性？怎样才能保持这种自觉？

巫鸿：身份之说在美国是非常普遍的，甚至是区分左派和其他派别的一个关键要素。以我自己的经验，我对任何群体性的认同都感到不舒服。我觉得作为历史学家，任何给社群、性别、民族、区域贴标签的做法都有问题，因为所有的标签都会起到简化的作用，把很丰富的、很复杂的东西变成一种可以用简单和粗糙的方式把握的东西，因此总有政治的潜台词，而我更想把世界和人丰富化。比如艺术写作：艺术品已经在那里了，还要写它干嘛？其实就是使对它的理解更加丰富和复杂。

对我来说，主体首先是个人。我不想用标签来取代个人。我看艺术家的时候也是这样，首先不是看可以被标签化的集体式的主体性，而是希望发掘比较个人性的东西——如果这种东西存在的话。我觉得主体性是非常重要的，也是实验艺术、当代艺术的关键问题。在我来看，当代性就是对主体性的自觉。这不是说艺术实践必须自觉地去发掘主体性，或者只有质问主体性才能构成当代性，而是说主体性应该是驱动当代艺术的存在。

苏伟：您观察今天的状况，是不是也感觉到艺术行业普遍存在困惑和无力感？

巫鸿：无力感肯定是有的，我觉得不单是中国，现在全世界的当代艺术都有一种普遍的无语感和无力感。真实的东西、可说的东西在减少，重复性的、复制性的也就越来越多。就像你刚才说的，90 年代一些人原来很有想法，但今天已经变得有些保守。有时候确实无语、没话可说，只能重复老话。这也是一种状态，一种真实的状态。看看艺术史，这种状态太多了，也无须苛求。历史总有时间性，历史使命完成了，特殊事件发生过了，整个社会在变化中和个体的相遇完成了，这时候再要跳出来也就很难了。在这种情况下，实验性也就自然隐退了。原来是以社会意义上的实验性来推动创作，很有激情地和社会去碰撞，这种激情带出来的是社会整体性的问题。安静下来想想，其中个人主体性的东西并不多。或者说，艺术家能不能够在脱离大的浪潮后还保持自己的思想或者感觉，可能也是一个考验。

第三篇

————

在世界中

时间性的历史：
从弥赛亚到当下主义

郦　菁（浙江大学社会学系）

　　如果说知识是社会行动者组织信息的特定方式，那么有关时间的意识和观念正是一种最深层的知识，或者说是一种元知识。在某种程度上，我们可以认为现代性本身就是一种前所未有的时间意识，工业资本主义的发展与扩张也有赖于这种特殊的时间结构的制度化。在现象学发明"时间性"（temporality）这一概念并关注时间结构的相对性之前，这一问题往往被西方时间霸权所遮蔽。在20世纪70年代现代性话语与实践受到全面质疑之后，时间性问题又从哲学和史学理论领域广泛进入社会科学、人类学和其他人文研究之中，发展了诸多可以对此进行具体实证研究的概念工具与分析进路。其中，德国历史学家莱因哈特·柯施莱克（Reinhart Koselleck）提出了"有关经验的空间"（space of experience）和"有关期待的视野"（horizon of expectation）这样一对概念，来描摹不同的时间意识及其语义形态。他认为，前者是在当下的过去，而后者是在当下的未来。

具体的历史和时间意识，正是以这两个维度为媒介进行生产和再生产的。二者之间的张力部分决定了历史时间的形态，也促成了新时间方案的形成，以解决旧时间方案内在的矛盾与危机。更晚近一些，历史学家弗朗索瓦·阿赫托戈（Francois Hartog）提出了"历史性体制"（regime of historicity）这一更为抽象的概念，也即某种过去、当下与未来之间特定的、相对制度化的关系，以便进行更有效的比较研究。这和柯施莱克所言也并不矛盾。

本文将以这些理论为出发点来探讨西方时间性转变的粗略线条，并试图说明其政治经济后果可能是什么，与之相关的学术工程是何种面貌，每一种时间性背后的政治与社会行动者是谁，他们营造了何种权力结构，又压迫或贬抑了何种时间观、何种期待与要求。概而言之，中世纪的宗教时间意识以有关过去的无限经验来塑造关于未来的期待，所有时间的意义都被转变为等待弥赛亚（救世主）的降临；而自现代性时代开启以来，西方转而用对进步和未来的无限期待来取代历史经验和当下体验；在现代性话语破产之后，当下主义同时取消了过去经验与未来期待的重要性，从而陷入一种无限自我循环的当下之中。

让我们先谈谈欧洲中世纪的时间性吧。可以想见，其时间观念与基督教这种最基本的文化以及社会结构密切相关。其中一个重要的时间特征源于对末世审判和弥赛亚的信仰。根据柯施莱克的说法，这一方面导致了对于末世降临的恒常期待，另一方面也导致了对于末世的恒常恐惧。在这种时间性中，当下变得无足轻重，那个未来的、尚未降临的末世主导和规定了当下行为的逻辑，而这种所谓的未来是由过去所规定的，或者说是一种没有未来的未来。历史上任何出人意料的变化，都可以被末世预言所吸收；即使预言发生了错误，也不过是进一步增强了下一次预言的可能性而已。末世作为一种不变的未来，极大地限制了人们对于未来的期待，或者说以过去的经验取消了对于未来的期待。因为这个期待并不是开放的，任何与之不符的经验都无法进入甚至改变这个唯一的期待。

在这种时间性中，现代意义上的历史学与历史理论是付之阙如的，占据主导地位的学术研究形式是年代编撰学。从欧洲古典时期开始到文艺复兴时期，年代编撰学一直是最受推崇的学问门类。二者的区别在于，历史学旨在提供历史"发展"的叙事，而年代编撰学及其最重要的视觉组织方案，如年代时间表、《圣经》系谱图等的首要目的恰恰是满足庆典等宗教事务实践的需求，并测算导致世界毁灭的终极末日到底何时降临。比如，著名的《纽伦堡编年史》就加入了对人类历史可能持续多久的估计，以便告诉笃信的基督徒这个世界已经逝去了多少时间，还剩下多少时间。并且，类似的作品都是以《圣经》为基础来组织历史事件的，异教徒的历史也被纳入这一时间线。为此，神学家和学者甚至不惮于编造古代文献。他们所编织的统一时间秩序和宏大框架，透露了他们对于上帝设定人类总体命运的强烈信念，而个体和人类全体都被描绘为事件发生的被动接受者，且在这些纪年之外的历史大多是无足挂齿的。

在政治层面，末世的时间话语是教会统治和神圣罗马帝国等政治组织进行社会管理的基础。中世纪出现的各种有关未来的预言，似乎都很难逃脱末世话语的基本内核，这当然是基督教基本文化结构影响深广的表现，尽管如此，梵蒂冈还是不遗余力地以"异端"之名控制甚至镇压各种预言家以及宗教机构的地方性解释，这是因为天主教会需要垄断对于末世的解释权和管理权，以维护教会的稳定和统一。在这个意义上，新教改革不啻是对天主教会（以及某种程度上的神圣罗马帝国）时间霸权的根本冲击。马丁·路德曾宣称，末世很快就要来临，或者已经降临。16世纪上半叶，在奥斯曼土耳其帝国数次侵犯神圣罗马帝国、围困维也纳的情况下，这种末世加速降临的话语是很容易俘获人心的。1555年《奥格斯堡宗教和约》签订后，德意志信奉新教的君主获得了"教随国定"的新政策。这意味着世俗政治逐渐崛起并获得了对于时间秩序的解释权。而新教所能提供的文化图景和规训手段，正是和新兴民族国家的政治紧密联系在一起的。大约到了17世纪后半叶，民族国家的力量日益成熟，国家和新出现的社会行动者开始制造新的未来，而有关末世的未来不断退却——这在某种程度上促进了现代性的诞生。

从17世纪到19世纪，一种现代的时间观念逐渐成形、制度化和扩展，最终以进步主义与历史主义一体两面的形式在西方社会获得了霸权，并得到了民族国家政治力量与资本主义社会制度的支持。这种时间观念的维度不再由宗教和末世预言来度量，而是由自然的进程以及因运用理性而符合自然法则的人类行动来定义。其中，"进步"这一观念最早是在18世纪末才出现的。地理大发现、哥白尼革命、技术的持续发展、工业资本主义的兴起以及社会等级制度的打破等急速的变化都是过去的历史经验和末世图景无法涵括的，这也使得西方思想家转而开始信仰一种不断进步的未来。这种未来与末世论的未来不同：其一，它具有未知的特性，并不能由以往的历史或前定的经验推知；其二，它是不断自我加速的，其速度甚至超过了科技发展所能带来的新经验和所开辟的新社会空间。历史主义的发展首先得益于对"历史"的重新发现：既然是人类的行动而非神的意志创造了历史，那么对于具体而客观的历史的关注和研究就变得重要了。概而言之，这种新兴的历史观将历史看作连续不断的质变过程，既不是随机的无序变化，也不是无尽的循环。整个历史的发展有一个光明而进步的确定方向，只不过这一方向由弥赛亚降临转变为了从黑格尔的绝对精神到马克思的共产主义等多种理论版本。

依照英国哲学家彼得·奥斯本（Peter Osborne）的概括，这种现代性的时间性大约具有以下三个特点：第一，在时间的序列中，当下的地位相对于过去被提高了，当下被认为是对过去的拒绝和超越。在某种程度上，历史以特定的方式被"时间化"，历史因某种历史进步和发展规律的需要而被重新分期、组织与言说。第二，当下也必然会被未来超越。未来虽是不确定的，但其最重要的特质在于把当下迅速转变为一种"将来的过去"。第三，当下因此也是需要不断被取消的，当下是在不断转化和发展的过程中持续消失的时刻，唯一不变的是进步与发展本身。

换言之，在这种作为现代性基础的时间安排中，过去、当下与未来的地位亦是极不对等的。对于未来的期望与对于过去的经验之间的距离被决定性地拉开了，基本无法弥合。而处于过去与未来之间的当下，不容被仔细体验与考察，就已被迫成为过去。那个被无限渴望的未来，不断剥夺着当下的现实性与物质性本身。在这种时间性中，行动者被迫处于永恒的过渡状态和未完成性的焦虑之中。这似乎是一场永无止境的对于进步的追逐，每一个接近进步、打败落后的努力，都只不过再生产了落后性本身。因之，这种时间性促进了很多现代概念的生成，比如"革命"；但同时也生成了其对立面，比如"反动"。

自 19 世纪以来，拥抱与展演此种时间性的学术工程，在哲学之外，更重要的是历史学和社会科学。进步主义-历史主义恰是二者在西方的共同思想起点，但二者对于历史主义的不同发展和继承又导致了其内在的张力。总体来说，社会科学的发展更晚近，但从 19 世纪中后期开始变得更为普及，影响也更大。其中，"现代社会"作为研究对象被"发现"了，而其核心的研究问题乃是检验现代社会"未来"的命运，以作为进步的重要媒介。其最早的探索者之一亚当·斯密试图在《国富论》中表达的观点就是：西方现代社会为商业和工业的创造性进步能量解缚，从而避免了遭遇其他社会面临的停滞或衰落的命运。在政治层面，民族国家很大程度上攫取了历史学和社会科学发展的新能量，试图成为推动进步的重要中介。

然而到了 19 世纪末，资本主义制度本身开始出现深刻危机，并于 1873 年爆发了全球性的金融危机，对于所谓"客观历史"的拥抱也很快引致学术内部的深刻怀疑，这在历史学当中尤为显著。历史主义一旦进入对于历史的具体关注，一个危险后果就是：抽象的历史法则与进步的愿景在具体而多元的史实面前可能面临崩溃，历史的不确定性会占据上风。人类历史真的有目的吗？这成了令人不安的疑问。同时，浪漫主义的兴起及其与史学的结合也促进了对个体价值和历史存在多元性的体察和认知。这些历史学方面的思想逃逸为此后的危机应对做了准备，也使得从 19 世纪中后期开始，历史研究更多地与所谓的保守主义结合。

在社会科学层面，1890 年之后，法国、德国（包括奥地利）和一部分意大利的所谓"世纪末一代"（fin de siècle）学者，如韦伯、弗洛伊德、克罗齐等，分享了历史学对于历史主义危机的深刻忧虑。正因为 18 世纪以来历史主义把理性和道德价值建筑在客观历史这个不甚牢靠的基础之上，历史变迁的不确定性和多元性很快反噬，并在资本主义社会制度面临多重危机时带来了思想的混乱和张力。这些思想巨匠的解决方案是以"主观意识"的反思性创造来重新拯救破碎的历史与时间性，提供新的整全性。比如韦伯提出的研究方法"理想类型"，虽然承认了社会科学的概念本质上是人造的建构物，但也提供了社会科学共同体集体工作的可能性。因之，这一时期的思想转型又被称为"美学现代主义"。卡尔·休斯克（Carl E. Schorske）在《世纪末的维也纳》一书中描绘的就是这一段思想的转捩过程，维也纳正是当时新思想与新文化的中心之一。不过，这种调和与超越是极不稳定的，最终导致了 20 世纪 30 年代政治局面的进一步恶化，欧洲知识分子无法再作为"立法者"探索社会的道德基础。由此，新实证主义重新兴起。

这种对于进步主义-历史主义时间性的"反动"在第二次世界大战前后达到了顶点。1940年,本雅明在去世之前将一篇题为《历史哲学论纲》的文章寄给了阿伦特,该文在1942年由阿多诺主持发行了单行本。此文既是他对"空洞而均质"的资本主义时间性以及僵化而暴力的进步观的最终批判,也是他最后的思想遗嘱,更是当时欧洲乃至世界陷入精神危机的写照。

本雅明把抽象的时间困境比作具象的"历史天使"——它的脸朝向过去,翅膀却被暴风吹着向前。一切对未来的美好期待构成了从未降临的"天堂",从那里却吹来了狂虐的进步之风,把过去以及不断流逝的现在打碎,变成一堆毫无价值的废墟,而唯有进步本身,或者说未来的完善,才是不可抗拒、不可抵挡的唯一历史动力。而本雅明提出的出路,恰是"历史作为建构的对象,不应在同质而空洞的时间中形成,而应在此时此刻(Jetztzeit)中实现";"在此时此刻中激发过去,炸裂历史的连续性",而不是等待未来的完善与进步。在这种首先针对时间的革命性行动中,被压迫群体的历史和被压抑的过去本身才能重新返回,弥赛亚并不是要等到某个期许的未来才会降临,而是在每时每刻的当下随时都有可能降临。因此,在1789年攻占巴士底狱前夕,"巴黎市内多处钟楼同时，但又是独立地遭到了攻击"。换言之，革命首先是时间性的革命，革命也必须有新的历法。

本雅明对"此时此刻"的重新关注，是战后时间性变革的先声。第二次世界大战后，学界对于新时间体制的想象和实践包括两个维度。

一方面，尽管欧洲思想界从 19 世纪末就开始深刻反思各种意义上的历史主义与进步主义，但是美国学界在遭遇类似危机时，反而进一步把社会科学发展的主要模仿对象从德国历史主义转换成了自然科学，从而试图以自然科学控制自然的方式来控制历史的诸多不确定性，进一步加强了对于人类进步的终极信仰。这促进了美国社会科学的极大发展，并在战后取得了全球霸权。进步主义现在依靠美国的超级政治和经济力量，化身为"发展主义""现代化理论"等新面目，但其实践的主体在很大程度上从西方社会转为广大的南方国家。这是一个意义重大的转变，原先西方内部过去、当下与未来之间的时间关系，现在被转换为非西方与西方社会之间的空间关系，即西方的当下成了南方国家发展的未来。换言之，进步主义的时间性依靠后殖民主义空间维度的打开重新获得权力，而其内在的成本、其所造成的压迫和不公，将由南方国家来主要承担。

另一方面，在经历了世纪之交的思想大变革、两次世界大战、西方文明崩溃之后，另一种新的时间性也在西方社会内部发展——阿赫托戈将之命名为"当下主义"（presentism）。这种新的时间体验和历史观念在战后逐渐积累能量，在 20 世纪六七十年代推动了大规模的社会运动，并最终与后现代主义思潮合流，导致了对现代性（包括其时间性）的拒绝和批判。70 年代之后经济快速增长时期的终结，持续的经济"滞胀"和失业率的高企，以及技术层面的新发展，最后是新自由主义政治经济范式的兴起，都促进了当下主义取代进步主义，获得时间霸权。

在这种新的时间性中，每一个当下／现在都不再会以未来之名被牺牲，亦不是通往某种永恒性的跳板或过渡；相反，当下不仅侵蚀而且最终代替了未来和过去。一方面，有关未来的超越性期待在某种程度上被关闭了，每一刻的当下价值才是值得追求的。并且，只要技术进步带来的变革速度足够快，那么当下在某种程度上就可以被"未来化"，当下自身可以获得曾经只属于未来的永恒性。另一方面，正因为当下时刻处于流动不居的恒常变化中，对于历史和经验的主观体验反而成为唯一可以确定的东西。寓居在当下的个体现在成了唯一重要的主体，可以根据每一时刻的需要来重新组织和建构围绕在其周围的过去和未来，那么，有关过去的经验也完全可以被不断建构和再建构。后现代主义在批判现代性的宏大叙事与进步图景时，实际上并没有提出替代性的政治与时间方案，而是从历史和未来中退出，无限停留在不断自我扩张的当下。换言之，后现代主义的时间基础也是一种自我挫败的当下主义。在这种时间性中，所有人都成为当下的囚徒，所有政治性实践和思想性发问都无一例外地从当下开始，又在当下结束。

这种当下主义迅速成为20世纪80年代以来欧美社会各种危机的起源之一。在文化和政治方面，超级个人主义（hyperindividualism）取代了个人主义，身份政治随后取代了公民政治。尤其是在美国，六七十年代民权运动的成功、"罗斯福体制"的最终衰落等均使得自由左翼将身份政治作为主要的政治话语与组织基础，而寻找与维护某种狭隘且排他的自我身份，增强了以个人主义为道德基础的新自由主义政治。这在美国政治学家马克·里拉（Mark Lilla）看来是一种"假政治"，其本质是"反政治"的，和"里根主义"并无区别；此时对于某种一般性集体身份的追寻、对于未来的某种集体政治愿景的求索，已在政治场域中边缘化了。

在经济层面，当下主义把每一个当下的即时价值变现成为主导的原则。这也正是新自由主义经济信条的时间基础，并在 20 世纪 80 年代之后美国经济的普遍金融化中得到了绝佳的体现（欧洲更晚一些）。在"股东革命"之后，公司股价成为衡量绩效的最终标准，美国的企业管理阶层不再选择建立一家具有长期经济价值、可持续发展、有社会影响的公司，而是致力于抽象出一个概念在股票市场上转手变现，或至少是保持有利的市场地位。形塑美国经济结构的主要产业从复杂的、科层化的社会实体转变为动态的股东网络，可以随时购买、出售和拆分，以便提取出每一时刻的价值。这种即时主义、当下主义也成了华尔街金融业的基本工作伦理与组织逻辑，不确定性被理解为客观、自然的市场的基本属性，而金融从业者的根本使命就是高度响应市场，把握每一个获利机会。消费主义对于商品即时价值的追求以及即时的抛弃，也是这种经济-时间精神的另一面。

在学术层面，阿赫托戈以"记忆研究"与"遗产保护"的兴起为例，来说明欧洲学界如何既反对当下主义，又很快被其所吸纳，成为当下主义处理历史问题的一种典型方式和文化工具。正如他所说，"对记忆的需求同时成了危机的表达和解决方式"。在 20 世纪 70 年代末 80 年代初兴起的记忆研究中，与作为公共书写的"历史"很不相同的是，所谓

"记忆"更多是一种私人性的历史建构，是以个体特殊"身份"为中心，以"当下"为出发点进行筛选和重组的历史片段。即使是集体记忆，也是从某种当下的集体身份出发来不断重新建构，或从某个具有公共性的场所或文化标识出发来组织和汇聚不同的记忆，最终汇入并重构当下的社会思想图景的。在此基础上，一个有关"记忆的历史"（history of memory）的新学术与文化场域被开辟出来，促生了像皮埃尔·诺拉（Pierre Nora）的《记忆之场》这样的作品。然而吊诡的是，"记忆的历史"找回过去的方式又是极为当下主义的，完全取决于记忆发生的主体和场所，如沙聚之塔一般没有相对稳固的时间基础。因而，其很快便成为消费社会中随时可供包装售卖的文化商品，也就一点都不奇怪了。

尽管自新自由主义时代以来，我们的世界又经历了诸多重要的变化，比如政治激进主义与民粹主义的回归、移民危机导致的对于西方文明再次崩溃的担忧、西方民主体制的衰微、全球化的逆转与全球产业的重新布局，乃至于最近的新冠疫情和俄乌冲突，但在很大程度上，我们远未跳脱当下主义的时间结构，只是正在经历当下主义的诸多危机，承受其罔顾历史也放弃未来期待的后果而已。如果我们放弃对于历史经验的真诚求索，"有关经验的空间"只会越来越窄。个体多元而碎片的记忆转而取代了集体性的历史认知，这使得我们既对于当下缺乏客观认知，也对于未来缺乏准备。同时，如果我们也放弃了对于人类未来的想象，"有关期待的视野"被关闭，这将使得进步的政治话语与集体政治行动也不再可能，反而给保守主义和威权主义打开了空间。因之，如果我们还认为现代性及其各种反动首先是一种时间意识，那么应对当下危机和开创未来的起点，就应该是重新思考我们的时间意识——这是我们时代根本的知识危机，也是我们时代根本的知识任务。

* 参考文献

OSBORNE P. The Politics of Time: Modernity and Avant-Garde[M]. London, New York: Verso Books, 2011: 15-20.

KOSELLECK R. Futures Past: On the Semantics of Historical Time[M]. New York City: Columbia University Press, 2004.

弗朗索瓦·阿赫托戈. 历史性的体制：当下主义与时间经验 [M]. 黄艳红，译. 北京：中信出版集团，2020.

丹尼尔·罗森伯格，安东尼·格拉夫顿. 时间图谱：历史年表的历史 [M]. 杨凌峰，译. 北京：北京联合出版公司，2020.

风、巨石和泰戈尔：
关于当代性的三个故事

蒋斐然

　　2021年，第七届集美·阿尔勒国际摄影季特别设置了"影像策展人奖"。本文作者蒋斐然以策展方案"未名河"获得这一奖项，其策展思路以对时间观的探讨为基础，打捞影像史中的经典作品并使其与中国当代影像实践发生对话。展览"未名河"已于2022年3月19日在北京三影堂摄影艺术中心开幕。以此次获奖为契机，《信睿周报》向蒋斐然发出撰文邀约，她则以三个处于不同情境中的故事回应。其背后共同指向一种当代人的历史观，亦为展览提供观念上的注脚。

风的故事

> 故事的主角是一位老人，降生于19世纪末。在那片土地上，人类努力驯服海洋、驾驭风浪。他手持摄影机，穿过了整个20世纪，目睹了我们这个时代暴风骤雨般的历史。在暮色的鲐背之年，历经烽火并放映过余生所录之后，这位影人只身前往中国。他的愿望是把镜头对准看不见的风。
>
> ——电影《风的故事》(*Une Histoire du Vent*)(1988)[1]

白发的尤里斯·伊文思（Joris Ivens）孱弱地枯坐于沙漠中，远望。他所剩的时日不多，只有一件事情要做——等风来。这位参加过1938年武汉抗战的国际共产主义斗士，在垂暮之年将"风"作为他人生终结之前的最后一个课题。当远处的大风在巫术般的力量之下，披卷着黄沙呼啸而来的时候，他像久旱逢甘霖一样，大口大口地呼吸着四面八方的来风。狂风穿过他的喉咙，灌入他的身体，带走他不愈的哮喘。他给予大风热情的欢迎和拥抱，也给予充分的拒绝和保留。这一幕在沙漠中等待风暴的场景，可能是对"什么是当代性"的最好回应：躬身迎向各个方向吹来的风，但固执地不被任何一个方向的风带走。人们或许也会在这时想到冲进龙卷风中的弗朗西斯·埃利斯（Francis Alÿs），他执意被卷入风暴的偏强，与不被风暴卷走的愿望。跑进风中的人不是一个艺术家，而是一个勇敢活着的"当代人"的化身。风的故事有万万种，都诉说着同一件事：面对风暴而不被吹走的故事。

这就是当代性的双重固执，一种进行时的不定式。它以对所属时代的深沉爱恋，表达出两种尖锐的拒绝：一种是逃避遁世，另一种是随风漂流。这种双重拒绝既是发声的姿态，也是缄默的姿态；既对时代的风起云涌有充分的感知和投入，也在风声齐鸣时保持沉默。然而，当代性的双重固执背后折射的绝不是独善其身或择木而栖的个人处世之道，而是一种更为厚重的历史态度，即承认这个时代已经逐渐呈现出某种近乎成熟的形态，同时拒绝它被历史化为这种固定形态。当代不是一个已完成的项目，可是我们如何认识、接纳和发展已经建立起来的种种结构和参数？当代亦不是一种缥缈的修辞，可是我们如何保存它未完成时态的开放与可能？

因此，在面对风的姿态时，有两种当代性方法是需要警惕的：一种是已完全制度化的，另一种是仍在逃避定义的。继本雅明之后，风的故事或许能为保罗·克利（Paul Klee）的《新天使》（*Angelus Novus*）增添一个新近的当代性的注脚：风暴来了，不管是被称为"进步"还是"末日"的风暴，天使张开双翅，拒绝背风而退望向废墟，也拒绝被历史的强风带走。

伊文思拍风，正是因为风万状而无状，万形而无形。拍摄不可拍摄者，亦如历史中人触摸其时代的脉搏。中国自古有"观风"的传统，历史是谓"风的起落"。而"风"在中文里始终保有其不可言说的神秘性，也常成为不确定性的代名词。"势"显，而"风"隐。我们总是要依托其他事物来感知风的存在，比如吹皱的黄沙或飘散的白发。风是不直接显身的，一切都在风中，但"我不知道风是在朝哪一个方向吹"。在今天八面来风的复杂现实中，追风的人捉不住风，只能捕到风的影子——来势汹汹的预言，或插科打诨的议论，伴随着股市的涨跌或刷屏的转帖，它们变幻着形状，飞速吹来又抽身而去，吸引着潮水般涨退的目光。

化身无数是风的魔术和障眼法，它将大时代的故事隐藏在小时代的外表之下，保护那些在潜行中蓄势的低风不被快速涌动的气流所冲散。风，就是那条看不见的路。历史学者王汎森曾在书中用心地讲述"风"的故事，认为历史的小风和大风从无定形，两者之间相互渗透，相互转化，而一个当代人的工作，是保护那些在历史叙述中被强风的呼啸所遮蔽的"执拗的低音"[2]。这样的当代人，也正是阿甘本所认为的"能够紧紧凝视自己时代，以便感知时代的黑暗而不是光芒"[3]的人。这便是我们面对风的勇气和智慧。

巨石的故事

这些巨石是时间的容载，也是阿尔卑斯山冰川的"纪念碑"。

——摄影作品《他乡异客：当我孤独盛开时，世界还在沉睡》

在瑞士蒙泰地区的山川和平原中，散落着一块块奇形怪状的巨石。这些与周围环境格格不入的巨大莫名物是冰川漂砾，它们来自远地的山脉，随冰川融化的河流漂行于此，又随着冰川的消逝而被遗留于此。这些孤独的移民，有些像巨大的子弹头，有些像废弃的房子，足迹所及之处，便是冰川曾经覆盖的土地。它们像遗落于天地间的一块块纪念碑，铭刻了阿尔卑斯山系冰川融化的痕迹，仿佛满怀心事的他乡异客，陌生面孔，一身行囊，给落脚之处带去迥异的基因和种子。这些巨石与蒙泰的植株交合，改变了自身的气质和当地的模样。它们身上附着了旧日的冰凌、沿路的苔藓和新土地的雨露，像一位饱经风霜的老者，吟诵着不同时期、不同地点的史诗和传说。每一块山石都是时间的晶体，沉默地诉说着沧海桑田的故事。

巨石的故事是所有移民的故事，它的本质是一个关于当代性的故事。从海上，从陆地，从天空，以各种方式离开出生地、穿越边境的人，就像一块块漂流的巨石，带着过往的荣光与创伤，将一言难尽的背景隐藏在前景之后，用他乡的气候去灌溉身体中的故土，也作为异种力量植入，为当地松土，并以自身的移动与再生标记了一种杂交的当代性。巨石在人类社会的呈现形式，可能是巴基斯坦的难民营，也可能是美国旧金山湾区的一位华人的海景别墅。前者可能在新土地遭到唾弃，后者则受到欢迎，但它们有着同一种当代属性，即各种"临时性"的叠加与并存。巨石的轨迹书写的是"临时共同体"的故事。

从广义上讲，今天社会里的每个人都是"移民"——离开村庄去城市里打工的人，从小县城漂流到大都市谋生的人，在不同的国籍间转换家园和身份的人，在多种民族、宗教和文化之间重新安置自己的人，乃至从现实世界跃入元宇宙的人。我们身上居住着许许多多种历史，不同的历史相遇，组合成不同的临时共同体。各种历史之间相互调适，相互改变，又增殖出混血而杂交的新历史。一个当代人，无法再用单一的地域、文化和身份来标定自己并以此赋予自身永恒的合法性。那些怀着傲慢与偏见，向时代中的"同居者"投去歧视的目光的人，只是还没有机会进入与对方的临时组合之中，也尚未意识到自己是一个当代人。

如果将目光转向中国浙东南地区的雁荡山系，我们会看到另一个版本的巨石故事。在雁荡山景区入口的公教栏上，张贴着被绝大多数游客忽略的背景知识。这一知识将颠覆人们对这片山区的观感和体验：雁荡山是 1.2 亿年前火山喷发、熔岩冷却后的遗骸。时空的尺度发生了变化，山中的人开始思考个体在星球生命史中的位置，以及自身与远古和未来的相遇——眼前不再是江南奇秀，而是宇宙洪荒；脚下不但是此时此地，也是开天辟地和万世千秋。在最近的 10 年中，每年有 600 万名游客登上这片多石的山峰，观摩这座彻底冷静下来的白垩纪古火山，目睹细密的流纹质的岩石肌理，和几经陆沉后又浮起的地壳形状。不知其中有多少人曾感受到，古老的世界穿过亿万年，在此与我们相见。这种相遇，是真正的"一眼万年"。

不同于横向的"移民"，这种纵向时空的相遇之感是"临时共同体"的另一种形式。这种情况也十分常见。当我们于青山碧水中徜徉，忽见一壁摩崖石刻，顿悟古人也曾面对同一方山川，几千年前的时空就在那一刹那与眼前的时空奇妙合体，在那一刻，我们和古人，是同时代的人。当我们在阅读福楼拜的小说时，19世纪的历史会淌进我们的血管，与21世纪的历史交融在一起，使我们既成为福楼拜的同代人，又区别于和他同时期的前人。这种当代性，在使不同时代相遇而凝结成"临时共同体"的意义上，成为"同时代性"。因此，"当代"不是一个区别于古代、近代或现代的断代概念，而是一种始终变动不居的、临时的，多时代相互照面、相互会话的"同时代"。

身处一个时代的感觉，是一种古老的谜一样的感觉。我们的身体里储存着许多种时间，像树的年轮或岩石的纹理一样，被不同的时代和年份所标记，铭刻着生物性的地质时间。我们对不同时空的依恋会随着经历参差不齐地积累与增厚，呈现出石头般凹凸不平的表面，有时尖锐，有时模糊。当时代的风踏着大步，汹涌地穿过我们的身体，与我们体内的不同时间互相拉扯时，会有不止一个时间和地点在我们体内共振。这种奇怪的拉扯与共振，是每个人或多或少会经历的陌生又熟悉的感觉。这样穿越时空、同处一室的感觉，提示着我们在这个时代中的存在状态，并赋予我们一种同时代性。

泰戈尔的故事

我说诗人的使命是吸引空气中尚不可闻的声音，激发梦中未酬的信念，把未出世的花朵最初的音讯带向这个怀疑的世界。

——泰戈尔在上海的第一次演讲（1924）[4]

1924 年，印度诗人和艺术家泰戈尔应讲学社的邀请访华。在其并未受到欢迎的这趟中国之行中，泰戈尔怀着热忱来到上海并发表了演讲。演讲中这段关于诗人天职的描述，可以说是对当代性的某种诠释：未来的不可闻，过去的未完成，以及当下的疑云。然而，这位诗人对于"如何成为当代人"的多声部回应，被当时的中国知识分子以两种不同的方式误解：一派将他视作不加批判的传统继承者和卫道士来赞美，另一派则在汹涌的舆论运动中反对这位不问现实的保守主义者。20 世纪 20 年代的中国文人，各自在传统和现代的阵营里错过了一个可能进入当代的时机。

要到 85 年之后，泰戈尔的这段演说才在一个印度艺术家团体的讲座中收到回声。Raqs 媒体小组（Raqs Media Collective）在一次关于"什么是当代艺术"的讨论中引用了这段话并认为，泰戈尔的愿望是从传统的死气沉沉中拯救那些教义之外的东西，为未来可能被充耳不闻的东西腾出空间，并保护当代实践的脆弱性不受当下怀疑主义的影响。[5]泰戈尔所想象的艺术家，是在三个时间区间——过去与"已经过去"的时差，未来与"没有到来"的时差，现在与"当道"的时差——里的守护者，以看管所有与时间脱节的事物。

或许可以说，一个"当代"的人是以时差为工作方式的人。他以异步的方式参与到时代的同频中来。正如阿甘本所说，同时代人是"不合时宜"的人，是与自己所处的时代有距离感的人；也是古尔德（Glenn Herbert Gould）所言的，"一个人可以在丰富自己时代的同时并不属于这个时代"[6]。这种时差感，与一个人从纽约飞到北京的头夜，身体同时被两个时空拉扯的感觉无异。当代性引发了对不同生存模式的共时之感，而没有承诺任何一种模式必然更适应我们的时代。因此，一个当代人会意识到，没有人能够声称，某些人或事物、某些做法或地方比其余的更合时宜，或更为"当代"。当代性拒绝在任何一个方向上生成专断的等级制度，一种建基于分离的判断方式，比如东方与西方，传统与现代，过去与现在。

泰戈尔的故事是一个时差的故事。时差的存在让人感知到刻度与刻度间的龃龉，这种由错位引发的存在意识使得一统化的标准失效。时差中的人因漂浮于系统的时间之外而变得敏锐，也因为对差异的共时性感知而取消了时区间泾渭分明的界限。但是人们会问，当时钟的权威被罢黜，时差涌上身体的时候，我们如何协调身心的秩序，产生时间的对位感？时差所给予的神经系统上的错乱，是否将通向相对主义的黑洞？从更广义的角度说，在普遍的准绳断裂之后，人们如何就当代的种种问题展开有效的讨论呢？

一个对时差保有意识的人，就算身在北京的白天，也知道此刻的世界存在着无数黑夜；一个从北京飞往纽约的人，知道世界并不是从此按下了开关，永久地从白天切换到了黑夜。世界处在何时，黑夜或白天，取决于我们在何种位置以何种姿势望向太阳。当他打开窗户望向夜色中的灯火，他将得到一种答案；而当他打开国际频道的电视直播，可能得到另一种答案。同理，关于当代性的答案，取决于我们如何向时间发问。不同的提问方式通向对"当代"的截然不同的理解。

如果说今天的俄乌局势乃是苏联解体的后遗症，那么我们的当代感就会扩大到 1991 年 12 月以前；而如果我们关心的是互联网给生活带来的实质改变，那么 1991 就会显得过时而古远。基于不同的问题意识，宋画或唐诗也许看上去不可思议地具有当代性，而元宇宙或 NFT 艺术则可能惊人地过时。如何确定当代性，取决于我们在什么样的坐标上发问，取决于我们如何将自己与一组重叠、交叉或冲突的时间参数联系起来，也取决于我们准备如何紧急、悠闲或慵懒地回应一系列问题。

—— 注 释 ——

[1] 出自 1988 年上映的电影《风的故事》片头字幕。

[2] 王汎森. 执拗的低音：一些历史思考方式的反思 [M]. 北京：生活·读书·新知三联书店，2014: 167-210.

[3] AGAMBEN G. "What is Contemporary?" in "What is an Apparatus?" and Other Essays[M]. Trans. David Kishik. Standford: Stanford University Press, 2009.

[4] DAS S K. The Controversial Guest: Tagore in China[EB/OL]. https://ignca. gov.in/divisionss/kalakosa/area-studies/east-asia-programme/across-the-himalayan-gap/the-controversial-guest-tagores-1924-visit-at-china-sisir-kumar-das/.

[5] Raqs Media Collective. Now and Elsewhere[J]. E-flux Journal, 2009(12). London: Sternberg Press, 2010: 45.

[6] 格伦·古尔德. 古尔德读本 [M]. 桂林：漓江出版社，2016.

宇宙种族与食人主义：
现代主义思潮如何影响墨西哥与巴西建筑

裴 钊（东南大学建筑学院）

作为拉美现代建筑历史研究者，我经常被问及的一个问题是：做这方面研究有什么意义？我很难给这个看似简单的问题提供一个标准答案。对建筑和历史专业人员而言，研究的意义大部分已在专业内部达成了共识。而在非专业人员看来，这些专业的作答更像是在说"黑话"，让人迷惑。历史本不该和社会如此疏远，对于建筑这一每个人每天都要看到和使用之物更是如此。正是对这个问题的追问，让我意识到拉美现代建筑历史的研究意义不会，也不应该被局限在专业领域，否则只能让本来生动的历史变成一本刻板狭隘的学科年鉴。这篇文章尝试将建筑史专业之外的历史补充到研究中，将建筑学视为人类栖息于大地之上的一种实践，并将之放入一个更广袤的时空语境下观察，以帮助读者理解建筑与人、人与人是如何关联的，以及建筑学如何与政治、人文和艺术发生互动，而这些关系及影响对现代生活依然有一定启示作用。

　　本文以 20 世纪 20 年代前后的墨西哥和巴西为背景，试图通过"宇宙种族"和"食人主义"两种理念来分别探讨两国这一时期的社会变革、艺术运动、文化思潮和现代建筑之间的联系。之所以以墨西哥和巴西为例，是因为：一方面，两国在拉美文化和艺术运动方面成就卓然；另一方面，墨西哥是一个具有深厚印第安文化传统的位于北美的西语国家，巴西则是一个位于南美的原住民文化欠发达的葡语国家，两者既有相似性，又有差异性。

　　19 世纪初，受法国大革命和美国独立运动的鼓舞，拉美各国陆续摆脱殖民宗主国的控制而独立。然而，这场独立运动是由拉美地区的精英阶层发起的，与底层人民没有太多关系，尽管拉美国家参照欧美国家建立起了现代意义上的政治体制，但依然延续了代表大农场主利益的寡头政治。各国之间及各国内部不同势力的纷争一直持续到 1870 年左右。

19世纪末20世纪初，随着国际劳动分工深化，拉美国家被卷入世界经济体系，经济结构的变化亟须大量劳动力来推动资本加速发展，拉美各国开始向世界各地移民敞开大门。这一时期，拉美城市化加速，人口剧增，伴随移民到来的还有欧洲的新思想和新技术，这些新变化也带来了新的冲突，跨入20世纪的拉美社会进入了一个思想、文化和艺术的"大混乱时期"。

这一时期，拉美社会出现了一个大问题，即各方该如何凝聚。对于拉美各国政府，其面临的首要问题是如何在政治上缓和底层的印第安原住民、以大农场主为主的上层社会和从欧洲涌入的大量新移民等不同阶层之间的矛盾，为建立工业化和现代化国家奠定基础。而在拉美知识阶层看来，历史上的思考和经验已经无法跟上迅速变化的现实，他们也无法像之前那样依赖欧洲的输入，因为深陷战争的欧洲无力为拉美的困局提供标准答案。拉美知识分子需要寻找自己的道路，找到一种各方都能接受且有归属感的拉美精神，或一种国民认同性，由此在政府精英管理阶层和知识阶层间达成文化共识。

事实上，这个问题是19世纪初期拉美社会有关"世界主义"和"本土主义"之争的一种延续。这里所说的"世界"并非指"国际"，而是特指彼时象征着"文明"的欧洲。拉美独立运动之后，"世界主义"主张曾在拉美盛行一时，但随着民族意识的觉醒，对欧洲的效仿逐渐被认为是文化殖民的延续，很多拉美文化学者遂转向本土历史去寻找启示。这里的"本土"也不仅指前哥伦布时期的印第安文化，还包含了西班牙殖民时期的文化。在这样一个复杂的网络中，拉美政治精英和知识阶层在"世界"和"本土"之间往复，进行了各种尝试。然而，真正具有突破性的思想诞生于1920年之后。

1911年，墨西哥总统波菲里奥·迪亚兹（Porfirio Díaz）结束了其35年的独裁统治（1876—1911）。受实证主义影响，迪亚兹在任期间大力提倡"科学发展"，推行现代化，但他毕竟代表的是墨西哥大庄园主的利益，因此国内发生了各种矛盾，引发人民的普遍不满，最终被迫下台。墨西哥国内各派系间爆发了长达10年的内战（1910—1920），最终在内战之后建立了立宪共和国政体。

内战结束后，墨西哥哲学家、作家和教育家何塞·巴斯孔塞洛斯（José Vasconcelos）就任墨西哥国立自治大学校长，同时在新政府中担任教育部长一职。1925年，他发表了《宇宙种族》（La raza cósmica）一文，提出"拉丁美洲种族的显著特点是它的多元性。这种多元性决定了它无比广阔的宇宙主义精神"，认为拉丁美洲复杂的种族构成和对先进思潮的兼收并蓄，将使其成为名副其实的世界中心。未来，"宇宙种族"会建立一种新的文明，种族和民族的传统观念将被人类共同命运体的观念所超越。巴斯孔塞洛斯的主张调和了拉丁美洲本土的民族性与世界性，一方面强调本土丰富的传统，另一方面展现出对未来和世界的开放态度，将原本复杂的国内矛盾用"宇宙种族"这一理念统一起来。

同时，巴斯孔塞洛斯积极推动"宇宙种族"理念在文化和艺术领域的实践。与之相关的艺术工作则由 20 世纪拉美著名艺术家迭戈·里韦拉（Diego Rivera）领导，他的妻子是艺术家弗里达·卡罗（Frida Kahlo）——一个和切·格瓦拉齐名的拉美代表性人物。里韦拉早年接受传统艺术教育，1906 年获政府旅行奖学金赴欧洲学习，深受欧洲先锋主义影响。墨西哥内战结束后，巴斯孔塞洛斯鼓励里韦拉回国，将自己的艺术才能奉献给祖国。回国后，里韦拉将文艺复兴时期的壁画技巧、前哥伦布艺术、墨西哥民间艺术和欧洲前卫主义融合在一起，形成了独特的壁画风格。同时，里韦拉作为一名坚定的社会主义信仰者，其壁画风格也从早期的立体主义转向苏联式的社会现实主义，同时考虑到彼时大部分墨西哥底层人民无法理解先锋主义绘画，为了和他们沟通，艺术家须采用更便于理解的创作风格。里韦拉和一批杰出的墨西哥艺术家共同推动了墨西哥壁画主义运动，配合浓郁的本土色彩和装饰，以象征手法表达人物与事件。

1929 年，里韦拉在被任命为墨西哥国立自治大学造型艺术学院院长后，和好友、建筑师、画家胡安·奥戈尔曼（Juan O'Gorman）及其他艺术家一起提倡"整合造型艺术"（plastic integration），将绘画、雕塑和其他艺术形式融合到建筑设计中，强调艺术应面向公众、教育公众。早期受其老师何塞·比利亚格兰·加西亚（José Villagrán García）和法国建筑大师柯布西耶的影响，奥戈尔曼崇尚极端的功能主义，认为建筑师应该关注本土现实条件和工人阶级的实际需求，而非传统建筑学中的美学和价值体系。秉承这样的观念，他设计了一些公立学校和私人住宅，其中就有里韦拉的工作室兼住宅（House-Studio，1931—1932）。后期，奥戈尔曼放弃了功能主义，转而思考如何将墨西哥本土文化传统融入现代主义建筑中。在其自宅设计（House in el Pedregal, 1949）中，他开始尝试运用印第安传统文化象征符号和马赛克壁画等装饰手法。与里韦拉归国后的转变十分相似，奥戈尔曼向本土的转向也旨在寻求一种和墨西哥大众沟通的方法。

这种壁画主义手法后来在墨西哥国立自治大学的校园建

设中得到了充分的发挥，也使这所大学成了墨西哥"整合造型艺术"运动的一个集中展示场所。比如，奥戈尔曼与其他两位建筑师合作的墨西哥国立自治大学图书馆，高大的藏书塔楼没有任何开窗，四个立面都覆盖着与墨西哥历史有关的巨幅马赛克壁画，创造出一种挂毯的视觉效果；为回应本土传统，图书馆建筑底座布置了前哥伦布时期的石头浮雕。这样的建筑造型让欧美正统的现代主义建筑师备感吃惊，他们批评说这是一堵"过度装饰的墙"，布满了"野蛮的文身"。但这座"出格"的建筑及其装饰却展示了墨西哥艺术家摆脱一味感伤怀旧印第安历史的能力。

"宇宙种族"之所以能对墨西哥及其他拉美国家产生深远影响，其中一个重要的原因就是这种思考能够进入大众生活。相比于同时代其他拉美国家，墨西哥的"整合造型艺术"作品在形式和风格上虽略显突兀，却反映了当时本土艺术家和建筑师为了让艺术和建筑能够清晰地向大众传递思想和信息而在社会现实的基础上做出的妥协。

让我们再把视线转向 20 世纪初的巴西。彼时，由于工业的发展，圣保罗的城市人口激增，资本涌入，新兴的城市中产阶级亟须找到一种新的文化。在这一背景下，一些反传统的画家、诗人、小说家、剧作家、摄影师、雕塑家、作曲家、建筑师联合起来，于 1922 年在市中心的圣保罗市立剧院以类似"摆摊"的形式举办了现代艺术周（Semana de arte moderna）。现代艺术周也被视为今日著名的圣保罗双年展的前身。

与这批艺术家有着密切联系的塔西拉·多·阿玛拉尔（Tarsila do Amaral）虽然没有在此次艺术周现身，但其对巴西后来的现代艺术运动产生了关键影响。塔西拉早年在巴黎学习古典绘画，后结识巴西现代主义艺术家安妮塔·马尔法蒂（Anita Malfatti）及诗人和评论家奥斯瓦尔德·德·安德拉德（Oswald de Andrade，后与塔西拉结婚），从而彻底转变为一个现代主义信奉者。1923 年年底，塔西拉回到巴西，开始尝试一种新的绘画形式。

1928 年，塔西拉将巴西自然风情和民间艺术、欧洲的立体主义和超现实主义融合为一种新的绘画风格，并将第一幅此类风格的油画送给丈夫安德拉德作为生日礼物。这幅画名为 Abaporu，在印第安瓜拉尼语中意为"食人者"。画中描绘了一个头很小但四肢巨大的坐姿人形，背景简化为大地、太阳和一棵仙人掌（在拉美现代主义艺术运动中，仙人掌的意象出现在大量绘画和景观设计中）。这幅绘画中丰满且具有张力的曲线究竟是源于现代主义抽象形式，还是源于巴西的自然风光或巴西殖民时期的巴洛克艺术，抑或兼而有之，已经无法断定，但其对巴西后来的现代主义建筑产生了巨大的影响。

受这幅画的启发，安德拉德在同一年发表了现代主义运动的《食人主义宣言》。开篇，安德拉德模仿莎士比亚写道："图皮或不是图皮，这是一个问题。"（Tupi or not Tupi, that is the question.）Tupi 是葡萄牙殖民前居住在巴西的印第安原住民部落的名字，安德拉德使用这个与 to be 发音相似的单词，直接提出了这场文化运动的目的：寻找巴西的国家和民族特征。早期欧洲殖民者认为美洲印第安人"野蛮残暴"，因此常用"食人族"一词来污蔑和贬低印第安原住民，"加勒比"（Caribbean）一词就是由"食人族"（Cannibal）演化而来的。进入 20 世纪，《忧郁的热带》的作者、法国人类学家列维-斯特劳斯指出，印第安原住民食人并非出自温饱的需要，而是一种仪式，只有那些具有某种美德和能力的人才会在仪式上被分食。例如，印第安原住民食用战争中骁勇的敌人的血肉，是因为他们相信，通过吃人的仪式，这个人勇敢的特质将会被食用者继承。"食人主义"的核心理念是：巴西须通过吞噬外部力量，将之彻底消化并转化为自身的新事物，将"禁忌变为图腾"。这一理念为巴西现代文学、音乐、诗歌、艺术和建筑打开了一扇新的大门，本土与国际、历史和现代的冲突不再是一个让人困扰的意识形态问题，而是一个可以通过努力实现的有机整体。

以巴西现代建筑的"黄金时代"（20世纪三四十年代）为例，当时的研究大多关注建筑学内部的一种洲际影响，即强调欧洲现代主义理念及法国著名现代主义建筑大师柯布西耶的影响。但这种说法的问题在于：为什么欧洲严谨的现代主义建筑风格在被介绍到巴西之后，从一开始就呈现出"异端"的形式（表现为灵动的自由曲线和本地艺术装饰）？巴西现代建筑的奠基人科斯塔（Lúcio Costa）认为，这种表现形式源于巴西殖民时期的巴洛克建筑传统。而对比塔西拉和巴西著名现代主义建筑师奥斯卡·尼迈耶（Oscar Niemeyer）的作品，我们可以发现两者之间的联系：可以说，尼迈耶的建筑理念受"食人主义"影响，其建筑形式创造则受到塔西拉的影响。他大胆地将欧洲现代主义建筑理念和巴西自然与传统相结合，创造出了一种不同于欧美正统现代主义的建筑形式。

尼迈耶后期的建筑设计开始呈现出一种超现实主义几何风格，从他的卡拉卡斯图书馆方案和巴西利亚项目中可以清楚地看到这一倾向。1980年，尼迈耶返回巴西后设计了巴西利亚国家图书馆，其真实场景与意大利超现实主义画家基里科（Giorgio de Chirico）的画作几乎一模一样。如果考虑到塔西拉曾受基里科的影响，可能试图通过超现实主义风格绘画来表现巴西社会的荒诞性，这也许就不仅仅是一种巧合。

总结来说，"宇宙种族"与"食人主义"实则是针对社会问题的两种不同解决方案。"宇宙种族"理念强调人之内部血脉的融合，即混血种族群体得以继承双方祖先的优点和特质，指向集体（国家与民族）。

然而，这种特质作为一种天赋能力不断进化，需要较长时间来完成，因而也指向未来。而"食人主义"理念意指通过仪式食用和消化外部对象，即时获得对象的能力和特质，指向当下和个体。这些细微的差别也决定了两国后续的文化实践结果的巨大差异。

19 世纪初 20 世纪末的中国面临和拉美相似的问题，在固守传统和西化之间，中国知识界提出了"中学为体，西学为用"的体用学说。如果参照"宇宙种族"和"食人主义"的说法，我们或许可以继续追问：体用学说是否也延伸到了彼时中国的现代文化和艺术变革中？中国近代建筑与政治和社会现实的关系如何？不同艺术门类之间互动的结果如何？这或许可以为重新审视中国近现代历史中的一些定论提供新的角度和视野。当然，以上这些问题早已超出我的专业范畴，但在一个世纪前这些问题确实曾被当作一个有所关联的整体来思考。

神经科学是如何影响立法的：
来自荷兰的例子

包爱民（浙江大学医学院神经生物学系）

迪克·斯瓦博（荷兰皇家科学院神经科学研究所）

大脑决定了我们的一切。"我即我脑"[1]这个表述已经被使用了30多年，它显示出人类的许多特征和局限性都是在大脑发育早期被塑造的，比如性格、性别认同和性取向等。

某些学者称，"我即我脑"这个概念是"部分整体论的谬论"，即这一概念把身体的一部分与整体混为一谈，因此是一个逻辑错误。然而，我们是故意选用"我即我脑"这一表述来强调大脑对决定"我之所以成为我"的重要性的。这里举例说明：

1. 接受心脏、肾脏等器官移植不会使一个个体成为另一个个体。

2. 有着同一身体两个头脑的连体双胞胎（Abby and Brittany Hensel）宣称"我们是完全不同的两个人"——这给我们的启示是，哪怕基因、躯体、生活环境完全相同，两个大脑也造成了两个完全不同的"人"。

3. 脑内关键部位的微小损伤就可以让一个人变成完全不同的人，如下丘脑中的一个肿瘤可以使一位异性恋者转变为恋童癖。

由神经细胞（或称神经元）组成的人类大脑，重量只有1.5千克，却包含了大约1 000亿个神经元。每个神经元可以通过神经纤维和其他神经元之间形成1 000到10万个联系部位（也称"突触"），而每个大脑内的神经纤维长度总和可达10万千米。世界上没有两个相同的大脑，每个大脑的独特性是由决定大脑发育形成的遗传、程序化（programming）、自组织化（self-organization）三种主要因素决定的：第一，我们的智商大约有80%是由遗传决定的。每个基因都存在微小变异（也称"多态性"），而新的变异也在精子、卵细胞中发生。

第二，大脑的很多特征在发育过程中被编制了永久性程序。例如，由性激素编程的性别认同、性取向、攻击性程度等。此外，在子宫内发育期间，食物缺乏或者环境中存在化学物质（如来自吸烟母亲或父亲的尼古丁、来自酗酒母亲的酒精）等情况都可以通过胎盘影响胎儿脑发育并造成永久性影响。新生儿的大脑需要一个安全、温暖而富有刺激性的环境使其潜能全面发展。儿童期遭遇创伤、虐待或者严重忽略等经历会以永久性方式对大脑发育产生负面效应，从而导致成年期精神障碍发生率增加。

第三个导致大脑独特性的因素是可见于所有复杂系统的自组织化原则。在大脑发育过程中，神经元以竞争的方式和其他神经元之间形成最佳联系（突触），这一过程伴随着过度产生细胞和突触。有效的细胞间联系会使细胞同步放电并保持关联，而那些没能和其他细胞建立有效联系的细胞则会死亡。这一过程因体现了"适者生存"的法则也被称为"神经元达尔文主义"（Neuronal Darwinism）。突触会在个体未来的学习、思考、记忆等过程中通过改变强度和数目而发挥作用，这一过程被称为可塑性。

通过以上介绍我们可以理解，个体差异源于我们的DNA以及我们从父母那里继承的DNA的微小变异，而新的基因变异也在出现。此外，程序化和自组织化等大脑发育程序，在与环境的互相作用中导致人们之间的差异越来越大。在"我即我脑"这一概念中，最重要的启示就是，每个大脑都是独一无二的。独特的大脑以独特的方式对环境中发生的事情做出反应。然而，人类是生活在复杂社会中的社会动物，只有在遵守法律法规的前提下才能发挥我们各自的作用。脑科学的研究结果曾使荷兰在接受某些法律方面发挥了重要作用，这也许会是现代中国感兴趣的议题。

所有的大脑都显著不同。差异是进化的动力，也表现在和大脑性分化有关的所有功能中，如性别认同、性取向等。

大脑在子宫中的性分化可以决定个体的同性恋、异性恋、双性恋、跨性别、恋童癖、无性欲或者性欲亢进等特征，这取决于遗传背景以及激素和其他化合物对发育中的大脑产生的影响。对于双胞胎和家系的研究表明，性取向 50% 是由遗传因素决定的，虽然目前还不清楚哪种基因参与其中。既然决定性取向的遗传性较强，而同性恋人群较异性恋人群较少生殖，人们就会好奇：为什么人类的同性恋基因还会在进化过程中被保留下来？

一种解释是，同性恋基因和强生育力基因连锁遗传，因此拥有这套基因的异性恋者保持了基因池的完整性。通过胎盘的激素和其他化合物对胎儿的性取向形成有着非常重要的影响。此外，孕妇所经历的重要应激事件也会提高胎儿将来发生同性恋的概率，因为母亲产生的应激激素皮质醇会减少男性胎儿睾酮的产生。尽管人们常常认为出生后的环境对我们的性取向有重要影响，但是没有任何证据支持这一点。研究显示，由同性恋伴侣从新生儿期开始抚养长大的孩子成为同性恋的可能性和其他人群之间没有差别。脑科学研究已经发现和性取向相关的大脑结构和功能差异，所有研究都支持这样的观点：我们的性取向在出生前大脑发育阶段已经形成，不会在成年期改变。这意味着那些尝试改变性取向或者"治愈同性恋"等的尝试是无知的、应该被禁止的行为。

1998 年，荷兰法律通过了"注册伴侣"（也称"同居伴侣"）关系条例。这种伴侣关系是为同性伴侣提供的婚姻替代方案，尽管它也适用于那些不愿意结婚的异性伴侣。在法律上，注册伴侣关系和婚姻关系在很大程度上具有相同的权利和义务。早在 20 世纪 80 年代中期，汉克·克鲁尔（Henk Krol）——目前是荷兰国会议员，就领导一批同性恋权利活动者请求政府允许为同性婚姻立法。2000 年，同性婚姻立法草案在荷兰议会中通过辩论，并在当年 9 月 12 日以 109 票支持、33 票反对的结果在众议院投票中被最终通过。

在当时的荷兰法律里，同性婚姻和异性婚姻之间的唯一区别是，同性婚姻中的两人和孩子的关系不是自动产生的。2013 年，荷兰议会修改了这项规定，允许女同伴侣自动获得和孩子之间的合法母子关系--—新法律已于 2014 年生效：对于通过匿名精子捐献者获得的孩子，与其母亲结婚或有注册伴侣关系的女性会自动获得合法母亲身份。通常精子捐献者是匿名的，而如果已知精子捐献者的身份，则生物学意义上的母亲可以决定是精子捐献者还是共同母亲成为孩子的第二合法父母 / 共同母亲。这一法律修订给同性婚姻及其孩童领养提供了极大的便利。

目前对"性少数人群"（LGBT），即女性同性恋、男性同性恋、双性恋、跨性别者人群的子女的追踪研究数量有限，但是现有研究都发现父母的性取向与孩子的性取向、适应能力之间没有显著关联。亦有科学研究表明，同性伴侣的孩子的表现与异性伴侣的孩子一样好，甚至更好。

在青春期，性腺成熟产生的大量性激素可以影响青春期大脑，造成显著的并经常是恼人的行为改变。青春期的进化优势显而易见：年轻人已经为繁衍后代做好了准备。然而，他们不应该和与自己有亲缘关系的人繁殖后代，因为那会导致基因突变的累积。青春期的典型行为会导致与家人频繁发生冲突，于是他们离开父母的家，而这减少了遗传缺陷积累的可能性。寻找新体验、无所畏惧地冒险和冲动行为等都是青春期特征。但是他们的行为对集体也有积极的效应——他们想实施改变以适应社会变化，而他们的父母通常不愿改变自己的习惯。青春期性激素分泌激增不仅导致性觉醒，也激发了男性典型的好斗和冒险行为，这导致了不受禁令约束的、反社会的、有攻击性的，甚至犯罪行为的风险增加。青少年在考虑冒险性选择时，往往只考虑其直接结果而不考虑负面后果——这是由于他们的前额叶皮层尚未成熟。

前额叶在调节其他脑区功能中起到了重要作用，负责约束冲动行为并鼓励道德行为，其成熟进程一直持续到平均23 ～ 24 岁。未成熟的前额叶不能成功地完成复杂任务的组织或做出选择，因此青少年犯罪率的上升和下降分别和睾酮的升高以及 23 ～ 24 岁左右前额叶的成熟密切相关。

荷兰从 20 世纪初开始就制定了独立的青少年司法制度，并且自 20 世纪 50 年代以来一直在讨论对年轻人的特殊司法处理。2011 年，保守的荷兰国家安全局局长兼司法大臣弗雷德·特文（Fred Teeven）提议，提高将青少年视为成年人进行处罚的年龄。经过数年的辩论，荷兰在 2014 年通过了《青少年刑法》，允许将在 23 岁生日之前犯罪的年轻人纳入青少年司法体系。

在荷兰，年轻的成年人罪犯可以受到特殊缓刑和法学心理学家的评估而被建议根据成年人法律还是青少年法律进行处罚。面向年轻的成年人的处罚方案中有一系列"教育"选项，包括专门的缓刑期工作量和康复计划。同时，如果根据青少年法律对其进行处置，可以将案犯关押在青少年管教所。尽管荷兰增加了将23岁以下的青少年判刑的比例，荷兰关押青少年罪犯的机构数量仍然从2007年的15家单位2 600张床位大幅减少到2016年的5家单位500张床位。荷兰还在全国范围内进行对青少年罪犯关押单位的审核，目的是将青少年罪犯监管单位转化为位于他们的社交网络附近的当地小型"定制系统"。2016年，阿姆斯特丹启动了一个小规模试点研究项目，让青少年罪犯白天上学和／或工作，晚上和周末返回收监机构。

生老病死是生命的固有特征，而大多数人害怕死亡或者去世的过程。要缓解这种恐惧，可以通过尽早向人们介绍关于生命最后阶段的适当信息，而且让人们知道那个阶段可能遭受的痛苦是可以避免的。

在大多数情况下，心跳和呼吸的不可逆停止仍然被认为是判断死亡的标准。此外，基于科学的"我即我脑"的概念，脑死亡已经被广泛接受作为个体死亡的标准。根据人类有权获得以人道主义的方式有尊严地去世的理念，荷兰于2002年通过了《安乐死法》。

荷兰的《安乐死法》包括以下内容：执行安乐死依然是可以受到惩罚的；然而，安乐死和协助自杀可以不受惩罚。其前提条件是：该程序由职业医师执行，相关的医师遵守了应尽的责任要求，医师向检察官（验尸官）报告了实施安乐死的程序。

其中，"应尽的责任要求"包括：安乐死必须是来自患者的自愿的和经过充分考虑的请求（在这一条，患者是决定性因素），安乐死必须以患者正在遭受无望被解决且无法忍受的痛苦为前提（在这一条，医学意见是决定性因素）。此外，根据法律，"必须满足的安乐死程序条件"包括四点：医生必须充分告知患者其现状和预后；医生和患者都必须确信不存在合理的替代治疗或解决方案；该医生必须咨询至少一位其他独立的医生（对于精神疾病患者，需要两位这样的医生），这位被咨询的医生必须表达他对于被咨询的案例是否符合法律中应尽的责任要求的意见；该医生必须以谨慎的医学方式执行终止生命的程序。

荷兰《安乐死法》中还规定，患者没有安乐死或者协助自杀的权利，他只能要求执行，而由医生做出决定；医生必须向检察官（验尸官）报告安乐死或协助自杀案例；每份报告都要由一个（安乐死）地区审查委员会进行评估；每个委员会都包含一位律师（担任主席）、一位医生和一位伦理学专家；委员会对于该医生是否满足了应尽的责任要求做出决定。

调查发现自荷兰《安乐死法》实施以来，对于如癌症或者神经系统疾病患者执行的安乐死案例没有发生过问题。仍然需要特别关注的议题包括：精神疾病患者（需要一位额外的独立的精神科医师加入决定），痴呆症／失智症患者（如何选择安乐死的时间——当病程进入失智阶段，个体的决定无法被确认是其自愿意志）。因此，安乐死或者协助自杀的决定应该在失智症的相对早期阶段做出。

总之，每个大脑都是独一无二的，这是由大脑发育中的遗传、程序化、自组织化等因素造成的。这些差异也是进化的基本驱动力，将永远伴随我们而存在。这些差异导致了性别认同和性取向方面的巨大差异，它们需要被法律和社会完全接受；大脑的成熟过程需要持续很长时间，23 岁之前的大脑并未成熟，青少年法律应据此处理；荷兰民众之所以广泛接受安乐死法律，是因为其程序被制定得非常严谨。

每个个体都希望过上幸福的生活，即一种最适合其大脑的生活，当然，前提是不能损害社会。从脑科学研究所获得的知识正越来越多地对教育、法律、政治、临终问题等领域产生深刻的影响，旨在让我们的社会变得更加美好，让我们每个人都过上幸福的生活，也让生命于未来以良好、有尊严的方式结束。

—— 注 释 ——

[1] "我即我脑"这一说法最早由迪克·斯瓦伯（D. F. Swaab）教授提出，1988 年他在一本杂志上发表了这一说法，并于 2010 年出版了 *Wij zijn ons brein* 一书（该书中译本《我即我脑》已于 2011 年由中国人民大学出版社出版）。

城市：生命的栖息地
——环境史与思想史的一席对话

侯 深（北京大学历史学系）

　　城市景观与自然景观拥有一种共同的魅力，那就是它们往往能激发音乐家的灵感。许多美国城市都曾在某一刹那触动过艺术家敏感的心灵，一首新的歌曲因此诞生，或吟唱着对这个城市的眷念，或歌咏着对它的颂扬。

　　对城市环境史学者而言，除了迷人的曲调，这些歌曲还传递了有关文化与环境意涵的特别线索。例如，1979 年，马丁·斯科塞斯执导歌舞片《纽约，纽约》（*New York, New York*）中的同名歌曲在弗兰克·辛纳屈（Frank Sinatra）魔性嗓音的演绎下风靡一时，几乎成为纽约的代言歌曲，让无数流浪者暂停漂泊的脚步，渴望新的开始。然而，这首属于纽约的歌没有哈德孙河的水流、中央公园的鸟声、自由女神脚下澎湃的海浪，更没有在城市的扩张中消失的沼泽，甚至没有在狭长的街道两侧延展，如同幽深的甬道，令曼哈顿成为地球表面人口密度最大的地区之一的摩天大厦。歌中描述的纽约是无数人冀望成就一番伟业、俯瞰众生的所在——"我想在不夜城中醒来／发现我是万人之巅上的国王"。这个城市是美国的梦想之城，也是成千上万锐意进取、渴望逃离小镇和乡村生活以及彼处的陈规旧俗的人最终选择的城市。歌中唱道："啊，小镇的忧郁风吹云散／老纽约中／我创造全新的开始。"如同无数美国梦的提供者，它许诺来到这里的人们：在这座城市，只要你目标明确、工作努力，就能得到回报。

当然，歌曲中的许诺如同政客的演讲，动人的往往只是声音。无数人告别故乡，寄居纽约，随着人流涌动在不夜城的黝黯甬道，清晨醒来发现自己仍然不名一文，在这个巨大的城市中被抛弃、被遗忘……在所有灵感源自纽约的歌曲中，最著名的并非《纽约，纽约》，而是一首吟唱着遥远的西海岸城市的歌曲——《我把心儿留在了旧金山》（*I Left*

My Heart in San Francisco）。创作这首歌曲的是两个已过而立之年、寄居纽约的旧金山人——乔治·科里（George Cory，作曲）和道格拉斯·克罗斯（Douglas Cross，作词）。他们在"二战"结束后来到纽约，历时 8 年，共同创作了上百首歌曲，但没有一首为他们带来过名望和金钱。或许在某个孤寂的冬夜或落寞的夏日，对故乡的回忆淹没了他们的生活，这首日后将成为旧金山市歌的歌曲由此诞生。然而，这两位落魄的"纽约客"又等了 9 年，《我把心儿留在了旧金山》才因被意大利裔歌手托尼·贝内特（Tony Bennett）在旧金山地标性建筑费尔蒙酒店（Fairmont Hotel）演唱而走红。直至 1984 年，此曲和另一支歌舞片单曲《旧金山》（*San Francisco*）一同正式成为旧金山市歌。全然不同于《纽约，纽约》，《我把心儿留在了旧金山》中弥漫的忧郁犹如那座城市清寒的薄雾，挥之不去：

……

在曼哈顿，我全然被忘，一身孤单
我，就要回家去，去那个城市，它依傍着海湾

我把我心留在了旧金山

它向我召唤，在那山巅

到那儿去

在那小小的缆车攀向星星的半山中间

纵然晨雾会使空气凄寒

我的爱却在那里等待，就在旧金山

在那蓝色和风儿吹拂的海面

……

　　《我把心儿留在了旧金山》勾勒着旧金山自然的轮廓：
低矮的丘陵，小小的山峦，环绕停泊着来自世界各个角落船
只的咸水湾。这座城市的坐落之处是世界上最理想的天然港
口之一，面向广阔的太平洋与遥远的亚洲。周遭的山峦与丘
陵为海湾挡住了太平洋的风暴，只留下一处 2.4 千米宽的出
口，即名噪宇内的金门（the Golden Gate）。海洋性气候令
这座城市终年凉爽、温和，使其清晨常常笼罩在雾气之中。
在 20 世纪，旧金山已深刻地嵌入了美国人的浪漫主义想象。
停留在歌者记忆中的是那座城市时而陡峭、时而延绵的地貌，
闪烁在半山间的寒星和"蓝色和风儿吹过的海面"。在创作
者对故乡的思念中，旧金山不同于冷漠的曼哈顿，而是浪漫

与爱情的所在；它是一座新鲜、现代的城市，拥有一种奇异的、可激发人们对自然的浪漫想象的魅力。

毫无疑问，每个大城市都是复调的：既无固定的主旋律，也没有不变的伴声，在所有旋律共同演奏时，并不必然构成完美的和谐，总是带着某种开放的、未完成的气质。旧金山也是如此。1848 年——"淘金热"暴发的前一年，这里的人口仅为 850 人；但在短短 172 年间，它就成了一座人口近 90 万（白人仅占 40%，亚裔高达 34%，还有 15% 的拉丁裔和 5% 的非洲裔）的城市。在它的演化史中有纷杂的旋律，或彼此缠绕，或相互矛盾，或各自独立，即使对那些试图倾听其中由自然与文化相碰撞所产生的声律的环境史学者而言，他们听到的曲调也大相径庭：格雷·布里金（Gray Brechin）在其《帝国旧金山》（*Imperial San Francisco*）一书中听到了贪得无厌的资本家在这座城市的广厦中嘈杂地谋划、争执和分赃，以及昼夜不歇的机器如何从山峦、河流中无休止地榨取矿产与水源；理查德·沃克（Richard Walker）在他的《城市中的乡村》（*The Country in the City*）中听到的是来自不同种族、阶级的男男女女在一个世纪中，为了营建一座绿色宜居、健康的城市而发出的吁请；乔安娜·黛尔（Joanna Dyl）在其著作《地震城市》（*Seismic*

City）中听到了这座位于自然的断层带上的城市因地球的自身运动而发生的巨大灾难，她听到了人们对技术带来的安全的自信与幻灭，也听到了不同种族和阶层因各自的利益和诉求而发出的抱怨和抗争。

这些声音不是历史学者的幻听，而是曾经震颤在这座城市上空、映现其某种真实面向的存在。它们合奏的复调曲谱充满了意想不到的变化，也充满了偶然与断裂——包括对大洲另一端的东部审美传统的应和，对太平洋彼岸古老东亚文明的畅想，以及对此处自然财富的渴望和对这里自然之美的发现。所有旧金山历史的倾听者捕捉到的都只是其中的一段乐章，或复调横切面上的不同音符。这篇小文希望倾听的，是旧金山独特的自然环境与诗性思考交织而生的对城市存在方式的解读，在旧金山自 1849 年开始的城市历史中，这样的解读不断发生着变化。在太平洋海风带来的新思与加利福尼亚变幻万端的自然世界中，人们对美、城市和自然的思考终于走出了美国东海岸城市的圈囿，启发了新的尝试。

吸引着数百万人口从世界各地来到旧金山的原因，在很大程度上是其矿业、金融、贸易、渔业和林业中非同寻常的经济机遇。"淘金热"的退却并没有冷却金山之梦，金门原有的意涵变得愈发鲜明，这里成为美国西海岸最大的港口，是通向太平洋与亚洲的门户。在这座崛起的大都市里，人们可以找到世界各地的饮食，听到各种语言的乡音杂谈，穿梭在各种肤色的人群之中，时刻感受着这座城市中翻涌的商机。但是，旧金山吸引人们的原因并不只是对财富的追求，还有自然，在如此之多的层面上，这座城市的独特魅力是自然力量的杰作。它的坐落之处是世界上最为壮美的环境之一，全年气候温和怡人，早上的浓雾为它蒙上神秘的面纱，当午后明媚的阳光穿透雾气时，整座城市和它所依傍的海湾熠熠生辉。在它的沙丘上生长着种类如此丰富的植物，或许并不高大青翠，但是色彩斑斓、生机勃勃；内湾中则呼吸着各种水生生命，它们或是永久的栖居者，或是一年一度的拜访者。在金门海峡守护中的海湾从来不是一成不变的单调蓝色，它的每一次翻腾，在每一缕阳光映照下的光影和每一片浮云投射下的变化，都是新的色彩、新的形块。海峡两岸的岩石崔巍嶙峋，向南延绵着大瑟尔（the Big Sur），向北是醒目的红树林，向西则是无数美国人的精神家园——约翰·缪尔（John Muir）口中的加利福尼亚的山。

1873 年冬，缪尔从寒冷的塞拉内华达山脉走出，来到旧金山定居。虽然缪尔始终将荒野称作他的"真正家园"，但在他的传记作者唐纳德·沃斯特（Donald Worster）看来，这样的宣告未免有几分自欺欺人的意味。缪尔不再拒绝城市，因为"城市不仅许诺为他的写作找到释放的途径，而且还许诺着一个家的所在，一个朋友圈，以及约塞米蒂山谷淡季时所缺乏的丰富文化"[2]。当时，没有人能预知这个整日游荡于荒野、酷好争论、胡须满面的中年男子会为这座城市和这个国家带来怎样的改变。

对城市，对自然，缪尔有着全然不同于大部分同代人的理解。定居旧金山后，缪尔开始了写作生涯，用他的笔描绘了一个不同于人们日日生活的人工世界的所在。对缪尔而言，那样的所在每一处都有其独到的美，但这并非珍视、保留它的唯一原因。在缪尔看来，它的力量——蓬勃的、野性的、不羁的生命本身的力量，方是它最值得敬畏的原因。他希望生活在城市中的人走出去，发现、观察这个世界，重新与这个非文化所创造的世界建立精神上的联系。他的呐喊被越来越多的人听到，越来越多的城市人来到西部的高山，感受缪尔所体验的那个世界。虽然在他的时代，几乎没有人能真正感悟到缪尔内心深处以自由主义的民主精神重新定义人类在自然中所处位置的渴望，但是人们仍然能在加利福尼亚的山脉中触摸到不同于柔和明媚的英伦田园风光的美，一种冷峻且更祛除传统审美束缚的美。

旧金山的自然壮美吸引着源源不断的艺术家、诗人、作家前来，也成为更多向往物质丰裕之外的精神世界的普通人在这里建造家园的原因。在 19 世纪晚期到 20 世纪上半叶的数十年中，人们在旧金山可以找到马克·吐温、杰克·伦敦、玛丽·奥斯汀（Mary Austin）、达希尔·哈米特（Dashiell Hammett）、伊娜·库布利斯（Ina Coolbrith）、威廉·基思（William Keith）、埃德沃德·迈布里奇（Eadweard Muybridge）……他们用不同于传统的眼光审视着这里的自然与文明，观察它们的每一种悸动，用不同质地和形式的记录传递他们对其的全新诠释。

在摄影成为 20 世纪的新艺术后，旧金山再一次吸引了美国最优秀的摄影师的镜头。1902 年出生在旧金山的安塞尔·亚当斯（Ansel Adams）是 20 世纪最伟大的景观摄影师之一，他用对比鲜明的黑白光影捕捉加利福尼亚的自然，特别是他挚爱的约塞米蒂的每一种风景。亚当斯不只是约塞米蒂自然的记录者，也在思考着他出生、成长的城市。与所有对美异常敏感的旧金山艺术家一样，亚当斯的双眼并未遗漏金门海峡的变化。他在金门大桥建成前后拍摄了两帧照片，一样是风云变化下波动的海湾，不同之处在于：一座成为未来旧金山标志的大桥出现在了第二帧照片中，在云山与海湾之间，它默然而立，并不突兀。在那里，亚当斯看到了文明与自然共同构建的美。对自然的热爱使亚当斯成了一名真正的环保主义者，他一度是环保组织"塞拉俱乐部"的领导人之一，和其他人一起，成功地令他们的思想为更多人所见、所听、所理解、所接受，也令旧金山成为美国最环保的城市。

这些 20 世纪的艺术家几乎都带有一种拒绝与主流文化相妥协的姿态，一种与理所当然的正常社会价值相悖的波希米亚气质，他们将之解读为"自由"——跳出美国老派传统的自由，脱离工业文明规训的自由，在超越人类中心主义的哲学中诞生的道德与价值观的自由，而允许他们进行如此自由恣意表达的正是美国西部丰美而野性的自然。耐人寻味的是，他们中的绝大多数人仍和走出冬季白雪覆盖的约塞米蒂的缪尔一样，渴望着文明的火光和智性灵魂的碰撞。但对他们来说，这样的文明应当是一种新的文明——一种更谦卑自省的文明。

东海岸的美国文化太过书院气，[3] 即使是在格林尼治村中流浪的诗人与艺术家也完全为人类自我的小世界所捕获，满腹牢骚又心甘情愿地将自身放逐在高度技术性的城市文明当中。所以当这些"波希米亚人"在北美大陆上寻找建立新文明的地方时，他们发现了旧金山。

与同时代的东海岸主流艺术家相比，来到旧金山的艺术家对自然都有着某种特殊的感悟力。在他们看来，东部的诗坛和艺术界已经丧失了新鲜、原发的创造力，在对辞章的排列中志得意满，所以，他们来到旧金山，于 20 世纪 40 年代开始了美国诗坛的"旧金山文艺复兴"（San Francisco Renaissance）。同这场运动的其他主要人物一样，其发起者肯尼斯·雷克斯罗斯（Kenneth Rexroth）再次来到自然当中寻找新的灵感。与此前不同的是，他们在这个多元文化自始便在形塑其根本气质的城市中，重新发现了东亚文化。

　　此前的美国思想者并非没有阅读过古老的中国文化或日本文化，但是，对他们来说，东亚文化只是完整的西方思想训练中代表博学的异域点缀，从未在真正意义上定义过他们的思想。活跃于 19、20 世纪之交的缪尔、奥斯汀、基思虽然停留在西方思想的脉络中，然而他们深知老派思想的僵化，找到了自然的力量去冲击、震撼甚至粉碎这一脉络，开启了对自然与文明的新认识。正是这样的新认识促生了一种对他者文化的新理解：既然人们可以在非人类的自然中找到其自身的价值，在超越西方既有的审美训诫中发现美的多样性，既然平等的伦理应当延伸至所有的物种，人类应对非人类所创造的力量怀有一种敬畏，那么对于不同于自身的文化难道不应持有同样的态度吗？

当这些渴望走出传统禁锢的诗人、艺术家因西部的自然之美和反传统的自由来到旧金山时，他们发现，在个人于荒野中体悟的精神自由之外，还应允许各种文化共生的自由，这样的自由正茁壮地生长在这个城市里的国际社会当中。在那里，有意大利裔移民建立并定居的北滩（North Beach），更有历史悠久的社区——唐人街。正是后者启迪了他们的新思。在旧金山这样的城市，人们又怎能无视以中国、日本为代表的东亚文化的存在？当以金门开启其历史时，旧金山便注定是一座面向太平洋的城市。事实上，在"二战"后的新社会文化中，很多艺术家与文学家来到旧金山，正是因为这里是通向亚洲（特别是中国、日本、印度的哲学与艺术）的门户。对西方文明（尤其是中产阶级生活方式）的幻灭，迫使他们在这座城市中寻找一种新的生存可能，而在这股思想与社会浪潮中，"垮掉的一代"（Beat Generation）诞生了。

"垮掉的一代"一词最初出现在 1948 年的纽约，由小说《在路上》（On the Road）的作者、出生于马萨诸塞的约翰·凯鲁亚克首创。"垮掉的一代"中的著名人物还包括另一位老牌"文青"偶像——诗人艾伦·金斯伯格（Allen Ginsberg），以及出生在圣路易斯的小说家威廉·伯勒斯

（William Burroughs）。最初，他们选择寄住在纽约的格林尼治村——曾经的"波希米亚圣地"，但最终纷纷离去。虽然他们后来的定居地点不同，但都在旧金山停留了较长的时间，形成了自己的文学团体，从根本上重新定义了这座城市的文化。他们的智性家园便是位于唐人街与北滩交界处的城市之光书店（the City Lights Bookstore），诗人劳伦斯·费林盖蒂（Lawrence Ferlinghetti）是其创始人与管理者。一群歌咏着自然与野性之光的诗人聚集在这家书店，表达着对城市新的期许与反思。

20世纪60年代，这些"比尼克"（beatniks，"垮掉的一代"成员的代称）孕育了其文化后代——反主流文化中的"嬉皮士"，特别是那些来到旧金山"爱之夏"（Summer of Love）的"鲜花青年"（flower children）。"比尼克"所称的"嬉皮士"并不只是长发宽袍、怀抱吉他唱歌的流浪者，他们应当具有一种对人生与自然的深邃感悟力，以摆脱传统美国生活物质主义的盲目性，转身投向大地与宇宙。不过这种深层意识的获取需要某种助力，而太多人在酒与大麻中找寻肉体的放纵，以期思想的自由。但若因此仅仅将他们定义为一群在衣食无忧的中产阶级生活中成长起来的无所事事、耽于放纵的年轻人，也并不公平。他们对文明社会中人与人、人与自我意识和人与自然其余部分的关系，都有着反叛性的思考，希望找到将美国从新的物质禁锢中解脱出来的变革方式。或许他们中大部分人的思考并不深刻，方式太过极端，但他们至少在尝试反抗社会与文明加诸己身的各种规训与教条，反思人类对增长的追求、对物质进步的信仰及劫掠自然的合理性，这些特质都是此前的社会运动中不具备的。在这场运动之前，如此思想只闪耀在零星的个人当中，但此时，它真正变成一种普遍的质疑性力量。虽然那些留着长发的年轻人最终成长了，但他们掀起的质疑性力量并没有消失，迫使处于高度城市文明之中的整个美国社会重新思考人类与自然之间的关系。

加里·斯奈德（Gary Snyder）正是他们中的一位思考者，他是凯鲁亚克笔下的"达摩流浪者"（the Dharma Bums）的原型。20世纪50年代中期，他结束了流浪，在距旧金山约24千米的米尔谷（Mill Valley）定居下来。与大部分"垮掉的一代"的出生背景不同，斯奈德成长于贫困的乡村，是他们口中的"自然之子"。在旧金山求学期间，他接触到中国的诗歌和日本的俳句，深深被其万物自得的空灵禅意触动。不过当斯奈德真正去往日本、中国之后，却发现他"对中国感兴趣是出于误解"。在他名为《大块》的散文集（书名出自《庄子》中的"夫大块载我以形，劳我以生，佚我以老，息我以死")中，他解释道：之所以说对中国的兴趣出于误解，是因为"我之前以为自己踏入了一片高度文明之地，那里的人对脚下的土地及居于其上的生灵，存着敬畏之心，怀着谦慎之意。事实证明我错了。这让人纠结，又充满了质疑"[4]。斯奈德意识到，东亚诗歌中吟咏的自然情怀仅是东亚文明中的一小部分，这部分思想虽然真实存在，但并不能代表整个东亚文明和自然的关系，其中同样充满杀戮、破坏与征服。但是，无论这种新的认知让他产生了怎样的纠结，那一小部分思想却对他产生了深刻而持久的影响。斯奈德开始将美国西部荒野文化的传统与其对东亚禅宗冥思的颖悟相结合，以观察万物最为细碎的变化与思想之间千丝万缕的联系。他写道："所有变化／在思想中／也在万物中。"[5]

1975年，45岁的斯奈德再次回到旧金山，在一场名为"作为栖息地的北滩"（North Beach as Habitat）的活动上发表演讲。北滩以各色饭店、波切球（bocce ball）场和天主教堂著称，是他在这座城市中最爱的漫游之地。但他深爱此处，并不仅仅因为人情味十足的社区文化或意大利美食，还因为一片"小小的流域"——数条曾流经此处、最终汇入海湾和大洋的小溪流。那些小溪中流淌的是从"黝黯而翻滚的大海"

中吹来的冬日暴雨，而大海是这座城市独特气息的源头之一。在那片流域经过的栖息地中还有食物、缆车、书店、陡坡和进出金门的船只的灯光。但是，当斯奈德回来时，那些小溪已被道路与房舍覆盖。在斯奈德看来，旧金山是一个栖息地，一个自然与文化交融，为艺术家、革命者和寻求自由的人提供庇护的所在，也是很多人及斯奈德所尊重的无数其他生命的栖息之地。这座城市的艺术家给予世界一种关于城市生活的新思。"如同阿留申群岛的风暴，自50年代一波又一波地从北滩涌出，触摸着世界各处的生命。"斯奈德写道。在这座城市中，"有着承载非凡美丽的富饶土壤，有着在美国孵化别样之物的优秀作品；让我们祈祷它尽早破壳而出。致谢此处的一切生灵；祝愿所有的生命共同绽放"[6]。

如同所有其他城市，旧金山是一座由人类创造的城市，是人类在寻求一个新的栖息地时运用自己的想象、知识、技术和传统构建的所在。每一座城市也是在自身的自然环境中的创造，被自身所处的生态滋养、形塑、制约。在旧金山，其海，其水，其从水中浮现的陆地，其在陆地和水中生活的植物、动物、细菌，以及来到此处的矿工与诗人、形形色色的移民与商人的"大块"，并不仅仅是由人类建构的思想。此处的自然，如同在任何其他地方的自然，是真实存在的力量，强有力地改变老派的传统，促发新生的思想。那些来到旧金山寻找这种力量的人不仅能看到、听到、感受到它，也在用新的思想改变着他们所栖居的城市。在允许所有文化共存交融的同时，也希望它不仅被人类所期待的美定义，也能成为所有生命共同绽放的栖息地。

── 注 释 ──

[1] 威廉·克罗农.自然的大都市：芝加哥与大西部 [M].黄焰结，程香，王家银，译.南京：江苏人民出版社，2020.

[2] WORSTER D. A Passion for Nature: The Life of John Muir[M]. New York: Oxford University Press, 2008: 216.

[3] "书院气"是当时旧金山诗人对东海岸文化的重要批评，认为其诗作、思考过于保守、传统。

[4] SNYDER G. The Great Clod: Notes and Memoirs on Nature and History in East Asia[M]. Los Angeles: Counterpoint Books, 2016. 译文参考自：加里·斯奈德.大块 [M]. 吴越，郦菁，译.北京：人民文学出版社，2019: 6。

[5] SNYDER G. Riprap [Z/OL]. [2020-11-20]. https://www.poetryfoundation. org/poems/47178/riprap. 译文参考自：加里·斯奈德.砌石与寒山诗 [M]. 柳向阳，译.北京：人民文学出版社，2018: 51。

[6] SNYDER G. North Beach[M]// A Place in Space: Ethics, Aesthetics, and Watersheds. Los Angeles: Counterpoint Books, 2018: 3.

第四篇

———

经历未来

21 世纪为什么需要复杂科学?

张 江（北京师范大学系统科学学院）

2020 年以来，人类社会的发展仿佛呈现出一条全新的轨迹：新冠疫情、极端天气、俄乌冲突、股市熔断、经济停滞、粮食危机，这些百年罕见的天灾人祸等重大事件集中、频繁地发生。与此同时，以人工智能、区块链、元宇宙等颠覆性技术为代表的高科技产业还在不遗余力地加速推进着。人们乐观地以为新的问题只有通过新的技术变革才能解决，但其实每一项新的发明都有可能引发新的问题和焦虑。人们不禁要问：这些意味着什么？这个疯狂的世界将要奔向何方？

要回答这一系列问题，应对人类百年未有之大变局，就必须站在一个全新的视角上进行系统性的思考。这一全新视角首先需要我们抛开所谓"学科"的局限，将古今中外各个学科的知识统合起来；其次，它既让我们能站在全球的宏观视角把握大的发展趋势，又能深入细节，给出精细微妙的处理方案；另外，它还要求我们必须认识到所有这些问题都并非彼此孤立的，其背后存在着统一性。总之，我们需要一个新兴的学科作为思维的脚手架，帮助我们理解这个复杂的世界。

复杂科学（Complexity Science）无疑将承担起历史的重任。这门从20世纪90年代发展起来的新兴学科试图采用跨学科的方法，研究各类复杂系统背后的统一规律。尽管它还很年轻，还没有一个普遍公认的概念体系和学科框架，但是它的跨学科范式、多尺度的研究视角以及整体论的、普遍联系的世界观，足以让它担此重任。

早在1977年，著名化学家、统计物理学家伊利亚·普利高津（Ilya Prigogine）就凭借"耗散结构论"这一复杂科学的开创性理论成果获得诺贝尔化学奖。时隔近50年，复杂科学于2021年再次受到了诺贝尔奖的青睐，三名科学家分享了诺贝尔物理学奖，他们最突出的贡献是提出了普适性的手段，并将其应用到全球气候突变这样的重大问题上面。

复杂科学的研究对象是各式各样的复杂系统。那么，何为复杂系统？让我们举数例说明。

椋鸟是一种生活在欧洲的鸟，身长约22厘米，也就一个巴掌大小，但它们经常会集合形成规模庞大的鸟群，像一只巨大的水母飘浮在巴黎上空。椋鸟群飞翔时井然有序，彼此不会发生碰撞；而当规模庞大的鸟群朝埃菲尔铁塔飞去时，又会灵活地分裂成两个新的鸟群，分别从铁塔的两侧绕过，然后重新会合到一起。这种由椋鸟构成的群体就是一个典型的复杂系统，它们不是孤立的鸟，而是通过相互协调形成了一个庞大的整体。

另一个例子是路网。很多人都有在城市中开车的经验：每天清晨，当你开车行驶在公路上时，其实就在和路网上所有汽车所构成的复杂系统互动。每辆车都在跟随着前一辆车，即使在没有发生交通事故的情况下，只要车流密度很大、车速很快，一辆车的猛然刹车就有可能造成后续车辆的大堵塞——第一辆车的减速导致了后续车辆的减速，后续车辆的减速又会导致再后面的车辆减速，当这些减速连接到一起，就有可能形成由减速构成的"驻波"，像水面上的涟漪一样顺着路网传播开来。车流、路网的相互作用也会形成一个彼此密切相关的复杂系统。

第三个例子是蚂蚁。蚂蚁在通过相互作用形成一个整体时展现出了非凡的智慧，如蚁群可以通过信息素来完成彼此之间的相互作用，从而在多条巢穴和食物之间的搬运路径中选择最短的一条。蚂蚁间的互动以及蚂蚁和环境中的信息素的相互作用形成了一个复杂系统。

由此可见，所谓的复杂系统就是由大量的单元相互联结、相互作用形成的统一的整体，这个整体表现出一定的奇妙属性，例如鸟群的灵活适应和整齐划一、交通流系统中的迟滞现象形成的"驻波"以及通过蚂蚁与信息素相互作用形成的最短路径。无论是鸟群、"驻波"还是最短路径，它们都不能被还原为某一只鸟、某一辆车以及某一只蚂蚁的属性。

复杂系统中存在着很多异常复杂且有趣的宏观现象和规律，例如蚂蚁的最优觅食路径以及黏菌的最优输运网络，而这些现象和规律都很难用其构成单元的特性加以解释，我们把这类现象称为"涌现"。复杂科学就是要研究这些不同的复杂系统丰富多彩的涌现现象背后的共同规律。用亚里士多德的一句话来概括，涌现现象即"整体大于部分之和"。它的意思是，当若干个体组合形成一个庞大的群体时，这个群体总会出现一些新的属性、特征、行为和规律，而又无法简单地归结到每个个体之上。

复杂系统中普遍存在着涌现现象，但是涌现并不一定限于复杂系统中。日常生活中最典型的例子是城市中的霓虹灯。我们都知道，城市中很多大楼和商店到了夜晚都会亮起霓虹灯。而所谓的霓虹灯，无非就是一堆小灯泡在闪烁，不停地变换颜色。但当你退后一步，就会看到由很多的小灯泡组成的霓虹灯整体呈现出图案或文字，且它们无法被还原到每个单独的灯泡上。每个灯泡的闪烁似乎都是无意义的，你只能通过它们形成的整体来解读它的意义，这个整体的图案或者文字就是一种涌现属性。

进一步，集体涌现的属性或规律可以反过来作用到微观个体身上。例如，近年一些互联网巨头争先恐后地收购和投资一些小型创新企业，从而搭建自己的"生态系统"，实际上就是在尝试利用涌现属性对个体的反作用这一规律。这种趋势不仅局限在互联网行业，很多国家的政府和地方部门也在主动培育产业生态，希望获得系统的力量加持。因为，随着势单力薄的个体聚集形成有活力的复杂系统，系统涌现出的特征会反过来给系统中的个体都带来好处。比如，系统内大大小小的公司会获得更稳定的客源、更低的成本和更高的收入，相较系统外的公司有了比较优势。

然而，复杂系统之间是如此不同，涌现现象又是如此丰富多彩，我们应如何寻找其共有的规律呢？答案是：建立不同复杂系统之间的类比。用一句比较文艺的话来说，就是寻找不同复杂系统彼此之间"遥远的相似性"。

每当乘坐夜晚的航班时，我都会选择一个靠近舷窗的位置。这样，我就能清晰地观察到飞机即将降落时舷窗外那座灯火通明的城市：一条条纵横交错的街道仿佛一条条毛细血管，公路上奔跑的汽车仿佛血管中的红细胞，所有的毛细血管相互缠结、连向城市的中心——这里仿佛是城市的心脏。因此，城市真的可以让我感受到它的"呼吸"和"脉搏"，它就是一个活生生的有机体。

城市交通和人体血流是处于不同尺度、完全不同的复杂系统，前者的构成单元是车辆，后者的是细胞。上文中的类比却让我们清晰地看到了二者"遥远的相似性"，比如街道网络和血管网络具备非常相似的复杂联结模式，它们分别对城市的运转和人体的代谢起到了非凡的作用。这种相似性是寻找复杂系统背后共性的出发点。

科学界有一种明星生物——黏菌，它实际上是一个由大量可以独立自主地在环境中爬行的单细胞生物体——阿米巴虫构成的"超级生物体"。一旦这些阿米巴虫在多处找到了食物，它们就开始修建一条条类似高速公路的管道将食物联通起来——这一切在显微镜下清晰可辨。更让人惊奇的是，黏菌修建的"高速公路"竟然可以跟人类的高速公路网相媲美。2010年，日本东京大学的一个实验小组就利用黏菌做了一个神奇的实验。他们首先将整个东京市以及周边36个城市的地图等比例缩进实验室的培养皿中，其长度大概只有20厘米。然后，他们在地图上东京市附近的主要城市的位置上放上了阿米巴虫爱吃的食物，再把黏菌放到东京市的位置上。一天之后，当实验人员再次打开培养皿时，他们惊奇地发现，一张完整的高速公路网络刚好将周围的几个城市和中心的东京市联通到了一起。

2020年，几位研究者受到黏菌实验的启发，对宇宙的大尺度结构进行了研究。物理学家认为，从大尺度看，宇宙中的星系、星云等并不是独立飘浮的天体，而是被暗物质气体所构成的细丝连接在一起，构成了宇宙网络。暗物质被认为占宇宙物质总量的85%，但难以直接探测到。于是，研究者借鉴黏菌生长的模型，设计了一种"黏菌算法"，看计算机能否像黏菌那样"爬出"一个宇宙网络。最终，黏菌算法计算的结果——星系间的暗物质网络与通过最先进的宇宙学方法得出的结果并无二致。

不仅黏菌能帮我们理解宇宙，更有科学家直接拿人脑中的神经元网络和宇宙网络做比较。他们发现，尽管二者的尺度和形成过程差异巨大，但人脑神经元网络结构和宇宙的一些宏观特征高度一致。这意味着在系统层面上，二者的演化机制可能具有类似的规律。关于人脑这个我们已知的最复杂的系统与最大的宇宙系统之间的冥冥关联，可以加深我们对这二者本身的研究。从显微镜和望远镜里，我们看到了复杂系统"遥远的相似性"。

复杂科学家不能仅停留在类比的层面，他们有责任找到制约不同复杂系统的普适性规律，甚至为这些规律建立定量化的方程，典型的例子是耗散结构论和广义克莱伯定律。

普利高津指出，一个开放的复杂系统要想朝着有序性不断提升的方向进化，就必须让系统保持向环境开放，以确保系统能够从外部环境中获取源源不断的信息源，从而抵消系统内部的熵增。只有当系统从环境中获得的有序（熵减）大于系统内部由于代谢作用而产生的无序（熵增）时，系统整体才有可能逐渐向有序的方向演化。无论是生物系统还是经济社会，负熵流的持续获取都是让复杂系统维持生存的必要性条件。这是一条通用规律，也即著名的耗散结构论的重要推论。

耗散结构论可以说是对热力学第二定律（熵增定律）的

拓展和重新表述，并使热力学第二定律被推广到生物体、生态系统、公司组织、城市国家等各种复杂系统中。在中国，一个有趣的现象是，耗散结构论成为很多企业家的口头禅，"避免耗散""组织的熵""对抗熵增"之类的说法非常流行。尽管多数时候这类用法不够严格和定量化，例如未说明用什么指标及怎样度量社会系统的熵，但这一现象也体现了其理论的普适性和概念的穿透力。

著名的复杂科学家、圣塔菲研究所前任所长杰弗里·韦斯特（Geoffrey West）发现，诸如生命、城市、公司等很多复杂系统的新陈代谢和系统规模之间都存在着严格的定量关系，这被称为广义克莱伯定律。最早的克莱伯定律源于生物学研究。法国生物化学家马克斯·克莱伯（Max Kleiber）早在1932年就发现，尽管不同生物体的新陈代谢率和体重不尽相同，但是它们遵循着简单的幂律关系，即生物体的新陈代谢率与其体重的3/4次幂成正比，这意味着生物体体重增大一倍，其新陈代谢率增长近3/4倍。也就是说，新陈代谢的增长要比体重更慢，因此越大的生物体需要的代谢率其实相对来说反而更小。后续研究表明，克莱伯定律适用范围极广，小到单细胞内的线粒体，大到大象、鲸鱼这样的巨型动物，其适用的体重尺度范围足足横跨了 10^{20} 之大，这在整个宇宙中都是极其罕见的。

克莱伯定律意味着生物的新陈代谢率与体重之间并非简单的线性关系，这一点往往挑战着人们，甚至是专业科研人员的习惯性思维。曾经有一种名为 LSD 的致幻剂被用于动物实验，研究人员发现猫的安全适用剂量大约是 0.5 毫克，于是推测体重约是猫 600 倍的大象的安全剂量应该是猫的安全剂量的 600 倍，即 300 毫克。在一次实验中，研究人员将 297 毫克致幻剂注射给大象，但在两个小时内，这头大象接连经历了尖叫、瘫倒、癫痫，最终死亡。这是因理论不足而预测失败的悲剧。事实上，动物能接受多少致幻剂或者吸收多少药物、营养物质，都与其新陈代谢能力有关，而新陈代谢率并不是随着体重线性增长的。根据克莱伯定律，一种体重是猫的 600 倍的动物，其代谢率仅仅是猫的 120 倍左右，也就是 60 毫克。因此，297 毫克显然严重超量了。

克莱伯定律甚至可以被推广到企业研究中。笔者已经和韦斯特等人合作，研究企业中的广义克莱伯定律。如果我们将企业的总资产看作生物体的体重，将企业的净利润看作生物的新陈代谢率，则二者存在着类似克莱伯定律的规律，即存在着可以用幂律函数描述的定量关系，但其幂律指数与生物体的不同，这一规律在多个国家、多种市场、多个不同的历史时期都普遍成立。

城市复杂系统同样遵循着广义克莱伯定律，但与生物和企业都不同的是，城市的新陈代谢与规模之间的幂律指数是一个大于 1 的数。直观地说，城市人口增加一倍，城市的国内生产总值（GDP）、专利数、人均收入等都要增加超过一倍。这意味着城市越大，其新陈代谢也就越快——大城市有更多的工作机会，也拥有更高的人均 GDP 和财富，这解释了为什么人们更倾向于挤到大城市。更拥挤的环境承载了更丰富的人际互动、更频繁的信息交换、更复杂的分工协作和更容易被激发与应用的创新想法，但新陈代谢的加快也会让人们的生活更加繁忙，有更多处理不过来的工作邮件和更少的闲暇时光。

根据城市复杂系统的规模理论，城市大小是城市经济发展水平的重要指标。最新研究还表明，城市规模与城市创新能力之间存在一定关系。城市要想具备创新能力，有一定的人口规模门槛。研究者甚至测算出这个门槛是 120 万人，即超过 120 万人的城市才可能形成创新经济结构，并实现超线性增长。

早期城市规模研究主要针对美国的城市。美国意义上的"城市"，其范围、聚集性、流动性都与中国不同。近年，针对中国 200 多座城市超过 20 年的数据研究则显示，中国城市与欧美城市的规律相似，仅在指数上略有区别，但都大于 1。甚至可以基于城市经济数据等反推真实的城市人口，修正户籍人口等统计数据的偏差。

生物体重、企业资产、城市人口对应的是不同规模大小的复杂系统。如果一个理论模型能够穿透多个不同数量级的复杂系统，那么它就具备了通用性和预测能力。韦斯特把相关研究总结写进了《规模》一书，而对广义克莱伯定律在不同尺度、领域的拓展还在持续进行中。最近有学者通过分析多种灵长类动物的大脑数据，发现大脑的白质占比、大脑内短程连接的丰富性都随着脑容量的大小非线性地变化。人类的脑容量最大，白质占比达到了哺乳类动物中最高的 48%。也即人类不仅有更大的大脑，人脑神经元的局部互动密度也更高，这与其脑区的高度分化和高级认知功能的出现密切相关。

好的理论不能仅仅停留在对已有数据的描述上，还应可以用来预测全新的现象。生物体的克莱伯定律可与生物体内的能量收支方程相结合，推导出一个普遍适用于各种生物体的生长方程，从而精准预测不同物种在不同发育阶段的体重大小，以及解释为什么所有的生物体发展到一定规模大小后就不再生长这一事实。

同样，从企业的广义克莱伯定律出发，配合上企业的财务平衡方程，我们也能推导出一个企业的生长方程，用来刻画不同市场中代表企业在不同时期的生长行为，甚至预测其发展的天花板。

这一逻辑也适用于城市复杂系统。不同的是，由于城市的幂律指数大于1，它的生长方程会呈现出非常复杂的模式。首先，在城市发展规律的制约下，城市人口、GDP、碳排放等指标都会快速增长，在有限的时间内趋近于一个城市无法承载的最高阈值，从而将城市推到崩溃的边缘。这就是我们看到的发生在各个国家的经济危机或战争的原因。为了避免崩溃，城市必须重启生长轨迹，唯一的办法就是通过科技的颠覆式创新重置方程中的各个系数，将城市推入一条新的快速发展轨道。然而，城市发展在新的轨道之中仍然会遭遇同样的问题，即在有限的时间之内，城市人口、GDP、碳排放等指标可能会再次逼近城市无法承载的极限点，新的危机需要新的科技创新，才能让城市进入一条更新的发展轨道……

最终，在更长的时间尺度下，城市的发展曲线呈现出波动性的特点。在科技界，这是人们熟知的S型阶跃式发展轨迹。每一次阶跃都是一次全新的重大技术革命，从早期的互联网革命，到大数据、人工智能革命，不同的科技革命推动了一个全新的 S 型发展曲线，而不同科技革命之间的间隔却变得越来越短。用韦斯特的话说，人们不仅要不停地在跑步机上奔跑才能赶上社会发展的步伐，还要经常性地跳跃到一架更快的跑步机上。

这必然会将人类的发展轨迹逼近一个无法回避的"奇点"。"奇点"一词最早出现在数学和物理学中，用来表示那些无法定义和描述的奇异时空点。在科技领域，人们用"技术奇点"来形容人工智能的能力超越人类能力的特殊时间点。基于复杂科学的城市发展理论却预测，如果存在这样的技术奇点，那必然是超人工智能出现和环境崩溃同时发生的奇异时空点。

为什么？一切的根源都在于耗散结构和熵。我们知道，所有的复杂系统要想生存下去，就必须不断地从外界获取资源，以抵抗自身内部不断的熵增，从而让系统演化越来越有秩序。如果说人工智能、区块链、元宇宙等高新技术的发展是人类城市系统的高度秩序性的产物，那么它们的代价就是被城市复杂系统排放到外界的各种污染物和温室气体。而且，秩序的产生和废弃物的产生并非完全对称平衡。事实上，由于热力学第二定律的普遍存在，为了获得一点点秩序，我们需要排放更多的废弃物。城市就好比一台大空调，它不停地在城市内部制造着冷气（更多的秩序），代价却是不得不往外部环境中排放大量的废热（更多的污染物和温室气体）。正如空调的运行会让房间和外部环境中的整体热量增加一样，城市这个大空调也正在以更高的速度创造着熵，这些熵以各种不同的现象和形式表现出来。这便解释了本文开篇提到的若干重大问题和重大事件，事实上，它们都是整个人类社会奔向奇点的必然结果。

人类社会正在以更快的步伐奔向奇点。奇点的到来表现为两个方面：一方面是以人工智能为代表的技术的快速发展和社会财富的超高速创造，另一方面则是更加快速的熵的产生和对环境更深层次的迫害。这二者几乎是同步的。尽管人类每次遭遇的危机都是通过科技的颠覆式创新活动加以解决的，但这一次却遭遇到了更大的麻烦，因为更高速度的熵恰恰是科技活动本身带来的，它们仿佛是一枚硬币的两面。那么，人类的解决之道在何方呢？

我们不妨再次利用复杂科学的类比思维，从生物进化史上寻求解决方案。站在进化的长河之上回望，每一次重大的进化事件仿佛都伴随着奇点的产生和复杂性在更高的系统层面以更短的发展周期进行迭代。例如，对单细胞生物体来说，多细胞生物的出现就仿佛是单细胞世界的奇点临近。但奇点的出现并没有让所有的单细胞生物体死亡，而是让它们重新集结，形成了复杂性更高的新的层级——多细胞生物。这种更高层级的个体一旦出现，进化的力量便在多细胞的层面展开，而仿佛与单细胞生物体无关了。

那么，当技术奇点临近，我们人类的进化是不是也会让位于人工智能的进化，或者人类与机器的某种新层面的共生体——全球脑的进化呢？未来复杂科学的进一步发展或许可以给出答案。

*　参考文献

TERO A, TAKAGI S, SAIGUSA T, et al. Rules for Biologically Inspired Adaptive Network Design[J]. Science, 2010, 327(5964): 439-442.

VAZZA F, FELETTI A. The Quantitative Comparison between the Neuronal Network and the Cosmic Web[J]. Frontiers in Physics, 2020, 8: 525731.

BURCHETT J N, ELEK O, TEJOS N, et al. Revealing the Dark Threads of the Cosmic Web[J]. The Astrophysical Journal Letters, 2020, 891(2): L35.

ZHANG J, KEMPES C P, HAMILTON M J, et al. Scaling Laws and a General Theory for the Growth of Companies[J]. arXiv preprint arXiv: 2109. 10379, 2021.

HONG I, FRANK M R, RAHWAN I, et al. The Universal Pathway to Innovative Urban Economies[J]. Science Advances, 2020, 6(34): eaba4934.

ZÜND D, BETTENCOURT L M A. Growth and Development in Prefecture-Level Cities in China[J]. PloS one, 2019, 14(9): e0221017.

脑科学的范式革命

顾凡及（复旦大学生命科学学院）

大概 400 年前，莎士比亚在《威尼斯商人》中问："告诉我爱情生长在何方？是在脑海里，还是在心房？"400 年来，人们在认识脑的道路上已经走了多远啊！而且这个趋势还在进一步加速。

不过，我们也不能盲目乐观。正如美国神经科学家沃尔特·弗里曼（Walter J. Freeman）所说，"我们就像那些'发现'了美洲的地理学家一样，他们在海岸上看到的不只是一串小岛，而是有待探险的整个大陆。使我们深为震惊的，与其说是我们在脑如何思考的问题上取得的发现之深，不如说是我们所承担的阐明和复制脑高级功能的任务之艰巨"。

德国诗人和科学家歌德曾说过："除非我们设法知道前人懂得了什么，否则我们就无法清楚地明白我们究竟懂得了哪些东西。如果我们不知道怎样欣赏往日的成就，那么我们也就不能真正理解如今的进展。"因此，从科学史的角度梳理人类在认识脑的过程中所发生的范式革命，是非常有意义的（"范式革命"是由托马斯·库恩提出的概念，意指某门学科中基本概念和研究方法的根本性变化）。由此出发，可以帮助我们思考可能面临什么样的新范式革命，以便更自觉地做出应对。

从科学史的角度出发来看学科发展的过程，大体都须经历哲人的冥思苦想、科学观察、实验证实或证伪、建立模型和提出理论这几个阶段。成功的理论不但能总结已知的事实，还能预测新的事实，并为实验所证实。由于其复杂性，脑研究的发展比数理科学滞后，但也要走所有学科的共同道路。此外，在科学的发展中，某些关键研究技术的突破也起到举足轻重的作用——虽然这些技术还不能被归入该学科的范式革命，却是范式革命必不可少的催化剂和前提条件。范式革命的发生往往是由问题驱动的，即当学科发展遭遇某个非解决不可的关键问题时，或迟或早会有天才科学家提出石破天惊的新思想，做出颠覆性的发现，引发范式革命。

从这些不同角度来梳理脑科学的发展历程，虽然在时间上可能会有交叉之处，但大体上还是一致的。本文将以科学方法论上的改变作为主线，以此组织脑科学史上由问题驱动的重大事件，并适当提及关键的技术准备。

从思辨到科学观察和实验

心智所在地是心还是脑？ 古人对一些重要科学问题的探索往往仅依靠哲人的思考，而不是科学观察和实验。因此，尽管古希腊医生希波克拉底早在公元前 5 世纪就根据脑损伤病人的症状提出"脑是我们精神生活的所在地"，但由亚里士多德在公元 4 世纪提出的"心脏中心论"仍统治了欧洲十几个世纪。亚里士多德的论据都是诸如"从解剖来看，心脏和所有的感官都有联系，而脑却并非如此"（这是因为当时可以清楚地看到血管，但是却看不清神经），"心脏位于身体的正中，而脑却偏处一端"等似是而非的理由。希波克拉底和亚里士多德都只是根据自己看到的一些现象（其中不乏片面的现象甚或假象）或按照自己的信念做出判断。这些判断都没有经过严格的证实或证伪。

对"脑作为心智所在地"的理论，公元 2 世纪的盖伦（Galen of Pergamon）和 16 世纪的维萨里（Andreas Vesalius）都曾以科学观察或实验做出过贡献，但对这一理论做出决定性贡献的是 17 世纪中叶的英国医生托马斯·威利斯（Thomas Willis）。当时，牛津暴发了两轮流行病——脑膜炎和睡眠病，尸检结果都发现死者的脑部出了问题。威利斯发现几个罹患这两种流行病的病人出现了手脚麻痹、纹状体变性的症状，因此猜测纹状体对运动有影响。他跟踪病人多年，并在他们死后对尸体进行解剖，由此将病人行为的改变与脑异常联系起来。

同时，威利斯也是提出"人脑的高级认知功能来自大脑皮层的褶皱"的第一人，而以前的人们根据盖伦的教导都认为这一功能源于脑室。威利斯是基于他对人与其他动物大脑皮层的比较研究得出这一理论的。他观察到人类的大脑皮层有很多褶皱，而鸟类和鱼类的大脑表面平坦而均匀，几乎没有褶皱，由此他认为这可以解释为什么人类有高超的智力，而鸟类与鱼类的理解和学习能力则较差。

心智功能的实现需要全脑还是局部脑？最早提出"心智功能位于特定局部皮层区域"的是 18 世纪末的德国解

剖学家和生理学家弗朗兹·约瑟夫·加尔（Franz Joseph Gall），但他的论据却是错误的。加尔想当然地认为，如果某个区域的皮层特别发达，那么其上的颅骨就会隆起。此外，他认为只要根据颅骨形状就可以判断人的品性，这一假说被称为"颅相学"，曾风行一时。加尔虽然提出了某个正确的理论，但其根据和方法都是错误的。他大肆搜集颅骨的做法也引起了许多人的反感甚至恐慌。

法国科学家玛丽-让-皮埃尔·弗卢朗（Marie-Jean-Pierre Flourens）是加尔的主要批评者，他用损毁局部脑来观察行为变化的方法来检验加尔的理论，并宣称大脑皮层的功能是均匀分布的。但后来，人们发现他的观点也是错误的，因为他用于实验的动物主要是鸡、鸭和青蛙等低等脊椎动物，它们没有发达的大脑皮层。另外，他考察的功能多半是睡眠、觉醒、运动、饮食等一般性行为，很少涉及特异性的功能。所以，虽然弗卢朗采用的手段是对的，但先入为主的错误观点及错误的实验设计导致他对其实验结果做了错误的解释。

最终解决这个问题的是 19 世纪的法国医生保罗·布罗卡（Paul Broca）。他收治了一位虽然能听懂问话但不能说话的病人。在病人死后，他做了尸检，发现其大脑左半球额叶的下后侧面发生了病变，这一区域后来就被称为"布罗卡区"。后来，布罗卡又从12个不会说话的病例身上发现了类似的脑损伤。由此，布罗卡以大量病例证明了语言表达是有功能定位的，而且负责这一功能的中枢位于左脑。

后来，德国医生卡尔·韦尼克（Carl Wernicke）发现了另一种类型的失语症病人，这种病人能说会听，但是既听不懂别人的话，自己说的话也混乱不堪，尸检结果发现其脑顶叶和颞叶靠后方的交界处有病变。由此，韦尼克认为这个脑区负责对语言的理解，其后来被称为"韦尼克区"。以上两例说明，执行语言这样复杂的任务既不需要全脑，也不仅由脑内单个小区域控制，而需要多个脑区的协同工作。

脑的基本单元是什么？是独立的细胞还是一张网？科学革命常以新的研究技术的发明为前导，比如，17世纪显微镜的发明为19世纪的科学家提出细胞学说开辟了道路。学界对"脑是否也由独立细胞构成"这个问题颇有争论，直到1840年阿道夫·汉诺威（Adolph Hannover）发明了用铬酸固化脑组织的技术，以及19世纪70年代卡米洛·高尔基（Camillo Golgi）发明了高尔基染色法后，科学家才能看清楚神经组织的构成。本来，高尔基有机会最先发现"脑是由独立的神经细胞构成的"，但由于他迷信前人的"网状学说"结论（神经系统是某种合胞体，彼此相通构成一张网），且在发明高尔基染色法后又转而研究其他与此无关的问题，错失了良机。

在高尔基染色法出现 14 年后，当圣地亚哥·拉蒙-卡哈尔（Santiago Ramón y Cajal）第一次看到用这种方法染色得到的标本时，就立刻被迷住了。他对其做了改进，并锲而不舍地给各种神经标本染色，用各种方法间接证实了神经细胞是彼此分开的，提出了作为近代神经科学基础的神经元学说。而直到 20 世纪 50 年代，神经科学家通过电子显微镜直接观察到突触后，关于脑的基本单元的争论才画上了句号。

从描述到分析

在几乎所有科学分支的发展过程中，都有一个从描述到分析的过程。如果说上文介绍的脑科学领域的几个里程碑都还是以描述为主的话，那么到了 19 世纪末，数理科学的发展则给脑科学分析提供了工具，使脑科学由此走上了分析的道路：首先是采取还原论的方法从下一层次的理化过程来解释上一层次的现象；其次是示波器和差分放大器的出现，为深入研究神经系统中的电活动奠定了基础，使电生理革命成为可能。

神经细胞之间的通信靠的是电还是化学物质？ 在认识到"脑是由一个个相对独立的神经细胞组织起来的"之后，神经科学家面临的重要问题是：神经细胞之间如何通信？首先提出突触概念的查尔斯·斯科特·谢灵顿（Charles Scott Sherrington）认为，由于神经作用很快，其间的相互作用必然是通过电。同时，也有科学家在思考神经细胞通过化学物质作用的可能性，但苦无证据——直到 1921 年，才有实验证明电刺激支配蛙心脏的迷走神经会释放化学物质使蛙心跳减慢，从而使天平向化学学说一侧倾斜。但是，电学说的信奉者对此提出了各种质疑：虽然心肌如此，但是骨骼肌呢？神经细胞彼此之间呢？然而最终还是化学学说胜出了。不过，后来的电镜观察结果表明，电学说也并非一无是处，在少数情况下，神经细胞之间确实也存在电突触。

神经信号的传导是一种被动过程还是主动过程？ 1868 年，德国生理学家朱利叶斯·伯恩斯坦（Julius Bernstein）发明了一种他称为"差动周期断流器"的仪器，第一次精确地记录下在神经上传播的神经脉冲。为了解释神经脉冲的成因，他借用了物理化学上的公式来计算半透膜两侧溶液中离子浓度不同时通过扩散作用所造成的电位差，以解释当神经没有受到刺激时，细胞膜内外的基础电位差（静息电位）。理论计算值和通过实际测量所得结果非常接近。伯恩斯坦认为，刺激可能在瞬间破坏了神经细胞膜对不同离子的单向通透性，使膜两侧电位相同，从而在瞬间造成了一个峰值，并以此来解释神经脉冲的形成机制。但这一解释和他观察到的"神经脉冲的峰值超越零电位"的实验事实不符。

为了解决这个问题，霍奇金和赫胥黎（Hodgkin & Huxley）在通过长期研究后，把神经细胞膜看作一个由细胞膜电容和电导并联而成的等效电路。和伯恩斯坦不同，他们认为，构成膜电导部分成分的钾离子通道和钠离子通道的电导值，都随着膜电位的变化而改变。随后，他们发明了一种被称为"电压钳位"的新技术，并通过实验验证了上述规律。以此为基础，他们建立了神经细胞膜的一个理论模型——霍奇金-赫胥黎模型。通过这个模型，不仅能计算他们据以建立模型的实验事实，还能预测神经脉冲的波形、可扩播性和速度，因此，霍奇金-赫胥黎模型也被称为"神经科学中的麦克斯韦方程"。霍奇金和赫胥黎的工作开创了用数理方法建立神经系统理论模型的先河，推动了计算神经科学的诞生。

向"底层"挺进：神经活动的分子机制。20 世纪下半叶，分子生物学和遗传学的突飞猛进给脑科学提供了有力的工具，神经科学家试图从还原论的角度出发，阐明脑功能的分子机制。当霍奇金和赫胥黎提出他们的模型和理论时，离子通道还只是一种假设，而对离子通道的描述也只是对实验数据的拟合。分子生物学家认识到，所谓离子通道，实际上就是指神经细胞膜上一些对电位敏感的特殊蛋白质。运用分子生物学的方法，神经科学家确定了这些蛋白质的结构，用递质和递质受体的相互作用来解释通道的开放和闭合，从而从分子水平上解释了离子通道门控和离子流动的机制。此外，对记忆的研究也深入到了特殊的蛋白质层面。目前，人们已经认识到舞蹈症是由单基因缺陷引起的，正在进行对其他脑疾的基因变异基础的研究——这就使对脑机制的认识深入到了分子水平。

从内省、行为主义到认知神经科学

在心智研究上，起初人们只能依靠内省，后来，人们发现这种方法很不可靠，也很难重复。20世纪上半叶，有一批学者认为，动物所做的一切（包括动作、思维和感受）都应被当成是某种行为。他们认为：应该用科学的方法对行为加以客观描述，而无须涉及内心活动；任何内心活动（如果有的话）都应该有相应的行为表现，内心活动只能通过表现出来的行为加以推测，表现出同样行为的不同内心活动是无法区分的。其中的极端者甚至否认内心活动的存在，这一学派被称为"行为主义学派"。这一学派只研究行为，完全舍弃对内心活动的研究，因为他们认为只有定量地观察行为才有意义。相对于内省而言，行为主义也确实是一次范式革命，在其早期也取得了包括巴甫洛夫的经典条件反射和 B. F. 斯金纳（B. F. Skinner）的操作条件反射在内的重要成果。但仅因为研究困难就否定内心活动的存在，显然也没有道理。

20 世纪下半叶，由于出现了无损伤观察脑的结构变化的技术手段，特别是用于观察人类进行心智活动时脑内发生的变化的脑成像技术（包括脑磁图、正电子发射断层扫描、磁共振和功能磁共振成像等，再加上之前的脑电图），以及无损伤刺激脑内组织的技术（如经颅磁刺激），使得观察行为异常的活人脑内变化和正常人在进行脑力活动时的脑内变化成为可能。这改变了在寻找行为失常病人的病因（这能为解开心智之谜提供重要启示）时的做法：以前需要等病人死后进行尸检确定，现在则可以立刻进行无损伤检查。

20 世纪 70 年代，通过心理学、人类学、语言学、人工智能及计算机科学、哲学和神经科学的交流，以研究认知过程和心智为目的的交叉科学——认知科学诞生了。认知科学研究信息是如何在神经系统中表征、处理和变换的，特别是知觉、语言、记忆、注意、推理、计划、决策和情绪，以至意识。

神经系统是一种信息处理系统，还是提取意义的机器？

在感觉系统中，科学家研究得最深入的是视觉系统。人们曾经以为，视觉系统就像一台照相机，把外界景象一丝不差地映射到脑中。感光细胞就像是底上的感光颗粒，即使对映射入脑的影像有处理过程，也只是加强边框之类的简单加工，且实验中所用的光刺激都是光点或弥散光这样的简单刺激。20世纪五六十年代，休伯尔和维泽尔（Hubel & Wiesel）无意中发现：对初级视皮层中的许多细胞来说，有一定朝向的直线才是适宜刺激，这些细胞正是构成形状知觉的基础。此后，神经科学家更开展了许多以自然景物作为刺激的研究，这些研究实际上是把脑视作某种信息处理系统，通过层级组织抽提出越来越复杂的特性。在这种思想的指导下，科学家确实取得了丰硕的成果，使人类对脑的认识前进了一大步。

人们早就知道，单个嗅觉感受器对气味的选择性并不强，一个合理的猜想是分辨气味需要一群神经细胞。20世纪80年代，沃尔特·弗里曼发现，虽然嗅球上的神经细胞群对气味的脑电反应波形复杂多变，但按分布在嗅球上的不同电极所记录到的脑电峰值所画出的等高线图却是可重复的。一个有趣的现象是：在对同一种气味的测试中，如果在测试间隙让动物学习分辨其他气味，那么对这一气味的脑电峰值的等高线图也会发生变化。这使弗里曼认识到，神经系统不仅是某种信息处理系统，其活动还要受脑内通过学习等得到的经验自上而下的调制。同时，脑不仅有自下而上逐级抽提的特征，还会自上而下地提取意义。弗里曼认为，不光嗅觉系统如此，其他感觉系统也一样——尽管他的这一远见还未被许多科学家所认识，但这很可能孕育着新的范式革命。而从纯粹的自下而上的还原论分析到自下而上和自上而下分析与综合的结合，也反映了从线性因果链到循环因果律的转变。

记忆是均匀分布在全脑，还是有局域性？记忆一直是心智研究的一个重点领域。长期以来，对记忆的研究一直聚焦从现象上研究记忆和遗忘的规律。1904 年，理查德·塞蒙（Richard Semon）首先提出了寻找"记忆痕迹"（engram），即"由某个刺激所产生的永久性变化"或记忆的脑基质问题。20 世纪初起，心理学家卡尔·拉什利（Karl Lashley）经过30 多年的系统研究，通过毁损大鼠皮层的方式来观察其对大鼠学习穿越迷宫的能力的影响。他发现，大鼠学习能力受影响的程度和毁损的部位没有太大的关系，但和毁损范围的大小有关。因此，拉什利认为记忆并不定位在脑的某个部位，而是分布在全部皮层。他的这一理论在 20 世纪中叶之前一直占据着主导地位。

但从 1955 年开始，布伦达·米尔纳（Brenda Milner）对失忆症病人 H.M. 的研究彻底颠覆了拉什利的观点。H.M. 由于严重的癫痫而接受了脑内双侧海马的切除手术，结果是其丧失了把短时记忆转化为长时记忆的能力。术后，H.M. 能记起两年前的往事，这说明他有长时记忆；同时，如果让他不断地复诵一个数字，他也能做到，这说明他也有瞬时记忆。但只要一打岔，他就再也记不起这个数字，甚至对曾要他复诵数字这件事都毫无印象。

另外，虽然无法教会 H.M. 学习新知识或记得手术后发生的事，但他依然能学会某些技巧。神经科学家由此得知，海马是把短时记忆转换为长时记忆的关键部位，且不同类型的记忆的储存部位也不一样——这和拉什利的理论背道而驰。拉什利的错误可能在于，他在实验中使用的迷宫学习任务过于复杂，要牵涉到许多不同的运动和感觉功能，虽然大鼠的某种感觉功能（如视觉）被剥夺，但它仍可以用别的感觉（如嗅觉线索）来进行学习。

在米尔纳工作的启发之下，埃里克·坎德尔（Eric

Kandel）走上了记忆研究之路。他发现：短时记忆是突触联系强度变化的结果，而长时记忆的形成还需要结构的变化——有的突触会消失，也会产生新的突触。此外，把短时记忆固化为长时记忆还需要合成新的蛋白质和改变基因表达，而分子生物学为这一结论的验证提供了有力的工具。

从禁区到热点：意识研究方兴未艾。意识问题虽然是无数哲人贤士思索的主题，但由于没有合适的研究方法，只能流于清谈。同时，行为主义的兴起把意识研究排除在科学研究的大门之外。直到 20 世纪 80 年代末，弗朗西斯·克里克（Francis Crick）大声疾呼：是时候对意识问题进行科学研究了。

克里克的策略是先研究意识问题中相对容易着手的问题，比如和视知觉相关的最低限度神经组织及其活动模式的问题。经过他和后继者的不断研究，目前科学家在这方面已经取得了不少进展。由于意识的复杂性，科学家现在多半都只能研究意识现象中相对容易着手的一些方面，由于研究的方面不同，他们在观点上有差异也就不足为怪了。

当前最受人瞩目的争论是：意识的关键脑区是否涉及额叶皮层。科赫和托诺尼（Koch & Tononi）等人认为，意识的关键脑区在脑后部的热点区，而德阿纳（S. Dehaene）等人则认为额叶扮演了关键角色。现在有基金会准备资助一个计划，让这两派合作性地争论究竟谁是谁非——这可能成为科研方式上的一种新范式。不过，笔者对一些人希望由此在50年内解决意识问题持保留态度，原因是这两派其实在研究意识的不同方面——前者研究的是与意识内容相关的神经机制，后者则研究进入意识（conscious access）。另外，两派都回避了意识问题中最困难的"主观性"问题。

从观察和实验到理论和建模：计算神经科学

从精密科学的发展道路来看，各学科分支都要经过"观察-实验-理论"的道路。由于其复杂性，脑科学的发展至今主要还处于观察和实验的阶段，不过也开始了对理论的探索。霍奇金-赫胥黎模型就是一个经典的例子。20世纪70年代末，美国科学家大卫·马尔（David Marr）提出视觉计算理论。他认为，可以从三个彼此独立的层次（理论、算法和硬件）出发研究信息处理系统：理论层次解决计算什么的问题，算法层次解决怎样计算的问题，硬件层次解决用什么结构来计算的问题。他的这一理论产生了很大的影响，奠定了通过人工实现脑信息处理的理论基础。但如果要解决脑信息处理的问题，脑中的算法仍要受脑结构这一硬件的制约，两者并不彼此独立。20世纪80年代末形成的计算神经科学分支在对神经细胞、感觉信息处理和若干简单回路方面的研究取得了进展，但至今依然缺乏有关整个脑（特别是其高级功能）的理论框架，何时能在这方面取得突破还未可知。

综上所述，研究技术上的突破往往会带来范式革命，正如细胞染色和显微镜技术的进步带来了神经解剖学革命，电子技术带来了电生理学革命，分子生物学技术带来了分子神经科学革命，脑成像技术带来了认知神经科学革命，信息技术带来了计算神经科学革命……未来的脑科学范式革命很可能也是以新技术的开发为前导。所以，像美国的"脑计划"这样的超大型计划在第一阶段就把完善现有技术和开发新技术作为其重点，也就可以理解了。

新一轮的脑科学范式革命

新一轮的脑科学范式革命正在酝酿之中，虽已初见征兆，但目前还很难断言究竟会在哪一方面出现突破。在此，笔者只列举一些有可能出现范式革命的潜在方向。

介观层次上的范式革命。 以前的脑科学研究偏重微观和宏观两个方面：所谓微观就是细胞及其以下层次，而宏观则是指整体脑和行为层次。介于这两个层次之间的就是介观层次。目前，在介观层次虽然也有一些研究，但是和微观、宏观研究相比，还远远不够，主要是因为缺乏适当的记录和分析工具。

目前，许多科学家正在研究如何画出某个动物神经系统中所有神经细胞（或至少是其中某个神经回路中各个神经细胞）之间相互联结的线路图，即所谓的连接组（connectome）。为此，还需要开发相应的研究技术。另外，介观研究还需要同时记录大量神经细胞的活动，对由此获得的海量数据进行分析。

目前，科学家已经基本搞清楚了秀丽隐杆线虫（一种最简单的模式动物）的连接组——它的神经系统只有302个神经细胞，每个细胞都有特定的部位和形状，但对其功能的机制至今还未完全阐明。由此可以想象，绘制出有860亿个神经细胞和150万亿个突触连接的人脑连接组图谱并由此解释人类的行为，该有多困难！为此，首先要开发自动连续切片、brainbow技术（一种利用不同颜色的荧光蛋白同时显示不同神经元的技术）、显微图像自动采集和自动识别及三维重建等技术。其次，要开发出可同时记录脑或某个神经回路中每个神经细胞或细胞集群活动的技术。虽然科学家已经尝试使用光遗传学、钙成像、电压成像、纳米传感器、合成生物学方法等各种技术，但究竟哪种或哪些技术能带来范式革命还有待观察。再者，还要开发出分析记录神经细胞活动所得的海量数据的技术，这正是一些大型脑计划的首要目标之一。最后，开发大规模神经细胞操控技术也很重要，这将使科学家对神经系统中不同部位之间活动的关系的研究从相关研究转向因果研究（这是认识脑机制的重要一步）。不过，识别人类全脑的连接组，甚至记录其上每个神经细胞的活动也许过于困难，对某些相对简单的模式动物的脑或高等动物脑中相对简单的神经回路的研究则更现实一些，可能会成为突破口。

大科学、梯队科学和公开科学。 和过去由少数科学家组成的手工作坊式的研究模式不同，目前许多国家都制订了脑计划，一些私人基金会也资助成立研究机构来集中研究脑科学中的重大课题。艾伦脑科学研究所首席科学家克里斯托弗·科赫（Christof Koch）把这种方式总结为"大科学、梯队科学和公开科学"。这类研究模式围绕某些大的科学目标，以工业方式组织各种专门人才分工合作，进行攻关，并把数据和分析工具公之于众。对于像神经细胞分类、绘制连接组图谱，甚或脑活动图这样工作量巨大、有相当重复性的工作来说，这种模式是非常有效的。同样，对于需要昂贵的巨型设备的研究也是如此。但是，对于需要高度创造性的研究来说，这种模式是否可行，还有待研究。这种工作模式可能为范式革命提供基础，但在笔者看来，其本身还算不上是范式革命。另外，如何处理在该模式下产生的海量数据也是一个极大的挑战。

信息技术。采集、组织和分析海量数据，很可能是下一次脑科学范式革命必须要满足的前提条件。因此，发展相应的信息技术（包括人工智能技术）将成为必要，而建模是组织大量数据（特别是跨层次数据）的有效手段。其有助于发现隐藏在海量数据背后的规律，进行实际上无法实现的"数学实验"，预测新的实验事实，帮助科学家设计新的实验去验证理论是否合理。但在笔者看来，信息技术虽然能为可能的范式革命提供必要的工具，但不能过度夸大其作用。只靠加强计算机的计算能力并不能解决脑机制的根本问题。"欧盟人脑计划"的提出者亨利·马克拉姆（Henry Markram）曾试图以 10 年时间在超级计算机上仿真人全脑，把所有已知的知识都组织在一个模型中，并得出所缺的知识。但是，他失败了，"欧盟人脑计划"也把目标改为"创建脑研究所需要的公共信息技术平台"。确实，马克拉姆在细胞以下层次的研究上做出过好成绩，这是由于在该层次已经有了可靠的理论框架，但在神经回路及其以上层次并没有这样的理论框架，还存在大量的未知领域。在这种情况下，马克拉姆一直期盼能引起脑科学范式革命的"仿真神经科学"在可预见的未来并不能解决心智问题，特别是其采取的还是纯粹自下而上的还原论方法。实际上，所谓的仿真神经科学从思想上和方法上并未超越计算神经科学，只是将其推到了极端。而正如俗语所说：即使是真理，推到极端也就成了谬误。

总之，回顾脑科学的发展历史，可以判断当下正在孕育着一场新的范式革命。各种新技术的开发和大规模基本数据的采集都可能为这场革命提供前提条件。然而，这场革命究竟会在哪个具体领域爆发，还难断言——但从大的方面来讲，有种种迹象表明介观层次最有可能是这场革命爆发的主战场。此外，多学科交叉研究非常可能成为这场范式革命的特点。

* **参考文献**

顾凡及. 欧盟人脑计划面临新斗争 [J]. 科学 2015, 67（5）：35-38.

顾凡及. 脑海探险：人类怎样认识自己 [M]. 上海：上海科学技术出版社，2014.

陈宜张．神经科学的历史发展和思考 [M]．上海：上海科学技术出版社，2018.

Freeman W J. The physiology of perception[J]. Scientific American, 1991: 78-85.

顾凡及．三磅宇宙与神奇心智 [M]．上海：上海科技教育出版社，2017.

D. 马尔．视觉计算理论 [M]．姚国正，刘磊，汪云九，译．北京：科学出版社，1988.

承现峻．连接组：造就独一无二的你 [M]．孙天齐，译．北京：清华大学出版社，2016.

KOCH C and JONES A. Big Science, Team Science, and Open Science for Neuroscience[J]. Neuron, 92(2), 2016: 612-616.

顾凡及，卡尔·施拉根霍夫．意识之谜和心智上传的迷思：一位德国工程师与一位中国科学家之间的对话 [M]．顾凡及，译．上海：上海教育出版社，2019.

MACKENZIER J. Simulating the Brain: The Markram Interviews[Z/OL].https://www.technologynetworks.com/neuroscience/articles/the-markram-interviews-337347.

顾凡及，卡尔·施拉根霍夫．脑研究的新大陆：一位德国工程师与一位中国科学家之间的对话 [M]．顾凡及，译．上海：上海教育出版社，2019.

乡村的可能性——库哈斯访谈

黄婷婷

雷姆·库哈斯（Rem Koolhaas）和乡村，在很多人看来似乎是一对不大可能发生关联的名词。然而，正在纽约举办的一场展览却见证了二者之间奇妙的化学反应。

2020年2月20日，一场筹划了四年之久、名为"乡村，未来"（Countryside, the Future）的展览在纽约古根海姆博物馆开幕，占据了这个环形展馆整整六层的空间，也迅速登上了众多媒体的文化版头条。展览的内容主要基于一个耗时近十年的跨国乡村调研项目，项目背后的主要策划人正是库哈斯。

比起策展人，库哈斯更广为人知的身份是建筑师。这位来自荷兰的著名建筑师被誉为"当代最有影响力的建筑界人物之一"，素以新锐大胆的设计风格闻名于世（位于北京的中央电视台新大楼是他的代表作之一，至今备受争议）。

和我们平时的认知稍有不同，"乡村，未来"展所讨论的"乡村"，指的是占据地球陆地98%的面积、尚未被城市占据的地方，包括了农村和其他边远地区。通过五大主题——"休闲和逃避主义"（Leisure and Escapism）、"政治的再设计"（Political Redesign）、"（再）人口"【(Re-) Population】、"自然/保护"（Nature/Preservation）和"笛卡尔主义"（Cartesianism），展览旨在探讨在人工智能和自动化兴起、政治激进化、全球变暖和大规模移民流动的背景下，全球范围内的非城市地区所经历的政治、经济、社会和文化变革。除了对欧美、中东和非洲等国的乡村进行图像、文字和视频展示之外，展览也用了相当篇幅介绍了中国的乡村建设。

用库哈斯的话来说，这是一次无关艺术和建筑的展览。除了与全球四所高校保持学术合作外，库哈斯的乡村调研项目和展览还探讨了横跨农学、社会学、政治学、计算机科学等不同领域的话题，更像是一场跨文化、跨学科的试验。

库哈斯的另一个身份是哈佛大学设计研究生院教授。在着手乡村研究之前，他被认为是 21 世纪最重要的城市研究者之一，其写于 1978 年的《癫狂的纽约》（*Delirious New York*）是运用社会学方法研究城市和建筑的经典之作。1975 年，库哈斯创立了大都会建筑事务所（Office for Metropolitan Architecture，缩写为 OMA），其代表设计也多以现代主义风格的城市建筑为主。

大约十年前，库哈斯逐渐感知到"城市之外的地区正在发生巨大的变化"，于是与 OMA 下属研究机构 AMO 发起了乡村调研项目——这也是此次"乡村，未来"展内容的主要来源。十年间，库哈斯和他的团队在全球各国乡村行走。而 2020 年，在他看来，应是对城市文化的反思年。

"2020 年，我们面临两项要务：一是质疑完全城市化（total urbanization）的必要性，重新发掘乡村作为人类生存和重新安居之地的可能；二是我们应该运用新的想象来大力激发这一可能。"库哈斯在为展览撰写的文章《被忽视的区域》（Ignored Realm）中这样写道。在他看来，乡村是"一块画布，投射着一切行动、意识形态、政治团体和个体革命的意图"。

我们好奇的是：是什么促使这位建筑设计师和城市文化支持者转向了乡村研究？"乡村，未来"展到底表达了什么？这个注重跨学科视角的调研及展览项目又是如何看待和评价中国乡村和未来全球乡村发展趋势的？

由于新冠疫情开始在全球蔓延，库哈斯和彼得曼不得已搁置了原本计划的中国之行。《信睿周报》在北京通过视频连线采访了远在鹿特丹办公室的库哈斯和彼得曼。在采访中，他们分享了"乡村，未来"展的幕后故事，及对全球乡村发展、乡村现代化等问题的看法。

而更多的答案，也许需要人们到展览中去寻找。

首先来谈谈 AMO 乡村项目的缘起。这个项目是如何发展成为多国高校和研究机构参与的调研和展览项目的？

库哈斯： 首先需要说明，AMO 本身就是一个旨在寻找并尝试理解新兴现象和话题的调研机构。长期以来，全球（包括我个人）的焦点都放在城市上，对乡村的发展缺乏关注。约十年前，我开始逐渐认识到对城乡关注的严重失衡（inequality），这也正是此次"乡村，未来"展的主要缘起和动力——希望把世界的关注引向当下的乡村发展。这一切确实起源于十年前我个人研究兴趣的转向。然而四五年前，当纽约古根海姆博物馆找到我们说希望以展览形式呈现这个项目后，项目的规模就开始扩大，也变得越来越专业——除了我和 AMO 外，调研团队还包括了全球的四所高校：中国的中央美术学院，肯尼亚的内罗毕大学，荷兰的瓦赫宁根大学，美国的哈佛大学，以及一个特殊的策展人团队——斯蒂芬就是其中一员。我和斯蒂芬同时还是中央美术学院的特聘教师，我们一起参与 AMO 在中国的乡村调研活动。

在此，我想解释一下为什么我们要在中国开展乡村调研。虽然我和我的团队在中国变得知名是因为我们设计了中央电视台新大楼，但我们认识到，了解中国乡村的发展和了解中国城市发展一样重要，也想尝试从建筑师的身份出发为别国乡村提供一些非官方的构想，所以这次的"乡村，未来"展里有关中国乡村的部分是重要的一章，这源于我一直以来对中国的兴趣和对其发展的一些思考。

彼得曼：我们很清楚，如果只是坐在鹿特丹的办公室里，是无法了解中国乡村发展的真实状况的，而中央美术学院视觉艺术高精尖创新中心当时又刚好给了我们一个开放式合作的提议，于是我们欣然接受，这可以说是一次很成功的合作。

在这个项目中，您和团队通过研究世界范围内（包括肯尼亚、卡塔尔、德国和中国等国）不同乡村的个案来试图理解乡村的发展趋势，此前您研究城市化时也采用了类似的调研方法。这是否和您早年的新闻记者经历有关？您如何评价这一调研方法的有效性？如何确保选取的个案是"典型且不带有偏见的"？

库哈斯： 你说的没错，采用个案调研的方式确实和我的记者生涯有关，因为新闻记者不会佯装（pretend）自己的调研遵循的是学术调研规范，也不会谎称调研要提供一个对调研对象完全客观且全面的认识。一方面，也许这次项目是始于新闻学（journalism），而且它本身很明显就不是一个学术调研项目；但另一方面，我们一直和许多高校合作，而且在很长一段时间内一直在这一领域耕耘，这使我们相信项目里的个案绝不是随机选取的——它们从类型（category）和类型学（typology）的角度代表了一定范围内的乡村。可以这么说，项目开展至今，我还没发现我们有哪些比较明显的疏漏。

的确，其中有一些内容可以做得更深入，也有一些内容是我们想继续跟进的——和中国相关的内容就是其中之一。

我和斯蒂芬也在讨论在欧洲或世界其他地区再做一个以中国乡村为主题的展览的可能性，希望向全世界展示中国的乡村建设。总的来看，我相信调研中的一些内容是比较综合的，并不只和新闻学有关。

此次乡村项目和展览虽然是由身为建筑师的您来主导的，但其实和建筑学的关系不大，涵盖的更多的是农业科学、社会学等学科的内容，您是否也邀请了相关领域的专家参与合作？

库哈斯：这也是 AMO 建立的初衷之一。AMO 和此次项目都可以被视为我们和其他学科建立联系的一种手段和机制，借此，我们可以超越建筑学的局限。我们邀请了来自农业科学、计算机科学、社会学、哲学等不同领域的专家一起合作。

还有一点可能被很多人忽略了，在此我想强调一下，那就是：纽约古根海姆博物馆举办"乡村，未来"展这件事本身就很有意义——一个主流艺术博物馆让一个非艺术家团队来组织一场以社会议题或概念为主题的展览，当属首次。我觉得这很重要，因为这意味着艺术界可能开始认识到，不止艺术展览能为大众提供真实（genuine）的内容。此次展览也可以为博物馆提供一个新的思路或模式（prototype），即除了举办艺术展览之外，艺术空间也可用以讨论社会上正在发生的事情——这对于我来说也是一个全新的视角。

"乡村，未来"展试图探讨政治、生态环境、社会经济力量如何塑造乡村，除了展示乡村正在经历的巨大变化，您还想通过展览传递什么信息？

库哈斯：展览的真正目的是把更多的关注汇聚到乡村发展上，尤其是让乡村建设这个议题重新回到政治议程中。因为，尤其在欧美国家及南非，政治家们似乎完全把乡村抛于脑后了。乡村地区正在经历着许多变化，但这些变化似乎并没有引起处于城市的权力中心的关注。这个展览就是为了转移人们对城市的过度关注，让他们把目光转移到乡村上来，从而从城市文化及对城市生活的固有偏好中脱身（escape）。但在我们调研的个案中，中国是一个特例，中国是唯一一个对乡村有远见卓识（vision）的国家，积极地关注和保护乡村生存和发展。在这方面，中国个案在"乡村，未来"展中也是作为特例展示的。

在此前的演讲里，二位曾提及位于城市和乡村接合处的"中间地带"。在那里，资源彼此交汇，因此，农民和城市居民所扮演的角色也更多元化。结合你们的调研来看，目前有哪些能实现城乡良性互动的理想模型？

彼得曼：我认为，"乡村，未来"展的中国部分就展示了一个城乡密集交流、互惠互利的模型。中国对乡村基础设施和正在乡村进行的数字革命（比如阿里巴巴的乡村电商平台）做了大力投入，还有连接不同乡村社区的其他线上平台，联结了千万乡村及新兴城市群的高铁……以上都是经典的双赢模型，促进了旅游业发展和文化交流，带动了中国城乡的互动和互利，这些成果很有启示意义。

库哈斯：比如，现在我们办公室里的员工在交流时，都用电子邮件来发消息——即便他们之间可能只隔了两米的距离。在我看来，城市里这种数字交流带来的负面影响是：它阻隔了人与人之间真正的交流，也阻碍了可以通过这种交流产生的创造力。而当中国把数字科技运用在城乡交流上时，它却激活了人的原创性和创造力，此时技术联结的不再是城市里坐在邻近两张桌子旁的人，而是散落在城乡不同地区、不同环境下工作的人，在这一情境下，数字通信手段确实成了促进交流和互动的工具。这一部分内容在展览中也都有所展示。

谈及乡村如何融入现代化（modernization），很多人认为应在不破坏乡村传统的前提下逐步引入现代化，但现代化的引入也可能给乡村带来负面影响，比如对生态平衡和诗意田园生活的破坏。在二位看来，乡村能在多大程度上承受现代化带来的代价？乡村到底应不应该加入现代化的进程？

彼得曼：也许由于一些不成功或未能达到预期的试验，人们对乡村现代化始终存疑，但我依然认为现代化是必经的过程——即便这个过程经历过失败，可能需要完善，我们也需要通过这个过程来修正错误，以更好地改善生活。我在中国贵州的一个村子调研时，看到了现代化手段如何帮助乡村保留传统生活：当地用一个简单的手机应用来连接农民和农场，进行智能化管理，他们的生活依然开心悠闲。所以，现代化只是一种手段，甚至可以协助延续田园诗意；而引入了现代化的乡村生活也并非一定是效率至上（efficiency-driven）的生活。

库哈斯：我认为，现代化是我们一直在做的事，否则也没有今天的我们了。完全倒退是不可能的。这让我想起"乡村，未来"展里一个很有意思的主题，叫"自然／保护"，展示了一系列应对全球变暖的模型，可以借助再现（representation）和计算技术预测出全球哪些区域需要被保护，哪些区域可以被开发——这些精密（sophisticated）技术能帮助我们避开或处理所面临的危机。所以，在我看来，现代化有比较脆弱（delicate）的一面，我们需要认识到这一面可能带来的后果。同时，我们也需要完善现代化。我们在展览中也展示了不少乡村个案，它们都针对融入现代化的过程进行了自我批判（self-critical）。认识到现代化谬误的一面后，我们需要用聪明的方式去修补，去继续推进新的创意。

有人说，我们不需要用城市的观点或逻辑来看待乡村的问题，解决乡村的问题要用乡村的方式。作为一位知名的城市文化研究者，您对这个观点怎么看？

库哈斯：用乡村的思维方式来解决乡村问题，对此我完全赞同。我甚至觉得我们也应该用新的思维方式来解决城市的问题。但我不认为，城市思维在乡村发展建设中就毫无用处。对于城乡的发展模式，我们都需要重新反思，同时也要关注城乡思维方式的均衡发展。不管是乡村还是城市发展，都需要新的思维方式。

展览对中国乡村和美国、日本等国的乡村做了比较，展示了中国乡村在组织结构、科技运用和文化方面与其他国家的异同。二位如何看待中国乡村和其他个案的对比？随着项目推进至今，你们还有什么想要补充的想法吗？

彼得曼：在展览中，我们从不同的角度展示了中国各地针对乡村发展不同方面实施的政策，涵盖了有关乡村旅游业发展、乡村文化发展、农业现代化和土地权等内容，这些政策包含的信息很密集（dense），其中蕴含的想法很吸引人。我也有幸在中国乡村待过一段时日。我曾去山东寿光和当地农民一起种地，那是一段奇妙的经历。在那里，农民每天早上都开着车去田里劳作，我们拍了一些当地人生活和劳作的视频。在风景优美的贵州，有一些村子经明星建筑师改造后刺激了旅游业的发展……这些个案在这次展览中都有所展示。

库哈斯：关于这个问题，我在前面几个问题中也回应过。

"乡村，未来"展上展出的个案里，中国是唯一一个针对乡村发展有全面（comprehensive）目标和综合认识的国家。中国关注居住在乡村地区的人口，而且管理方式不是碎片化的，也不仅着眼于个例。在处理像乡村发展这样复杂的问题时，中国这种统筹一体（integrated）的做法更为妥当。

斯蒂芬常去中国乡村，而我则常去非洲乡村。在非洲乡村，我看到在那里的中国企业给乡村带来的可能性，以及中国援建的基础设施给当地发展带来的刺激效应，中非的这种互动足以让我们对区域合作有一个更具象的认识，也影响着我们。类似这样的情况不再在欧洲国家和美国发生，而是在非洲和亚洲国家及组织的合作中展开，并由本地人来主导，自主性（autonomy）越来越强。而"乡村，未来"展在纽约这一西方共识（common sensibility）的中心举办，传递的另一个重要信息就是：我们（欧美国家）应当保持更谦逊的态度。

展览的中国部分里有一个概念，叫"普通乡村"（generic village），指的是一个普遍的、全面的、平均意义下的乡村概念，也是一种不囿于个案的乡村模型。请谈谈这一概念。这个概念只用于对中国个案的分析吗？

彼得曼："普通乡村"这一概念目前还在前期研究阶段。当时我们完成了对一些中国乡村个案的调研，于是开始反思：这对中国其他数十万的村子来说意味着什么？随后就提出了"普通乡村"的概念，即我们如何评价平均意义下的乡村（average village）——"平均"这个词可能比"普通"更准确些，也是从不同规模的层面去思考中国乡村的一种方式。

我们根据"普通乡村"概念做了一个模型，在展览现场展示，来看展的美国观众似乎对这个概念很着迷，模型里的部分道具还被偷走了。"普通乡村"的研究还在继续，目前只是初步的展示，接下来我们会继续对它进行拓展。这一概念确实始于我们对中国乡村的调研，因为中国的许多农村经历了拆除和新建，也许运用我们在建筑方面的专业经验可以为此提供一些见解。

库哈斯：这里我们所针对的是一个对建筑（construction）和观念（conception）都有所干涉的世界。为什么我们这么想做这个展览？因为这是一次由欧洲人策划的、在美国中心传递中国信息的机会——我们没有从政治的角度来理解这一行为，而是把它看作一种交流，是在帮助两个当下沟通不善的体系进行交流，也想向美国观众展示来自中国的、针对乡村建设的前瞻性思想。

这次展览对当下及未来政治和社会环境变化的回应是什么？

库哈斯：联合国曾预测，到 2050 年，全世界只有约 30% 的人会住在乡村地区，而我们想通过这个展览来质疑这一结论，并提出其他的预测来取代它——可能是新的乡村建筑模型，也可能是和乡村有关的其他新的关注点，以促进更均衡、更有活力的城乡关系发展。

电子游戏世代的存在哲学

蓝 江（南京大学哲学系）

这是一个最好的时代，也是一个最糟糕的时代。

为什么糟糕，对那些已经习惯于从传统途径获得快乐的人来说，电子游戏就是今天的鸦片。它们的存在不断褫夺着人们的灵魂，将无数少不更事的年轻人变成它们的傀儡，剩下的只有无尽的沉沦，未来的地平线消失在手机和笔记本电脑的屏幕背后。

这也的确是一个最好的时代，因为绝对的沉沦也意味着绝对的希望。在电子游戏中，新世代正在以自己的方式塑造着属于他们自己的时代和交往：在探险的时候，在组队刷副本的时候，在用力按下一个键实现惊世骇俗的一脚凌空抽射的时候……他们用自己的方式谱写着他们的喜悦，这种喜悦是他们的父辈无法理解的。

电子游戏在今天已经不是一个小众的兴趣爱好，相反，对于绝大多数30岁以下的年轻人来说，在成长过程中，有多少人会与电子游戏毫无交集呢？今天，我们大可不必成为电子游戏时代的"卢德分子"[1]，因为电子游戏已经不可逆转地成为新世代日常生活中的一部分，电子游戏是他们存在的方式之一。在这个意义上，我们可以说，今天的世代已然是电子游戏的世代，与其视电子游戏为洪水猛兽，不如亲身体验一下，什么是电子游戏世代的存在哲学。

在《哈姆雷特》第一幕的结尾，这位流浪的丹麦王子宣告："时代已经天翻地覆。"是的，随着某种新技术时代的来临，其所带来的变化不仅仅体现在某种新技术产品的出现上，整个人类生活的存在方式都会随之发生改变。

谷登堡铅字印刷术的发明虽然最早只用于印刷《圣经》，但是让人没有想到的是，在英国的维多利亚时代，印刷术的大众化让纸质小说开始成为那些中产阶级家庭妇女的案头书。她们在惬意的闲暇时光里，会拿起一本新印刷的小说来阅读。也正是在那个时候,狄更斯、勃朗特姐妹、柯南道尔成了家喻户晓的明星。很多读者会对《雾都孤儿》中的小奥利弗抱以同情,也有很多人津津乐道地复述贝克街上的那位神探和他的医生朋友的奇特历险。

正如印刷媒介塑造着英国维多利亚时代的中产阶级生活方式,20世纪中叶,广播和电视成了人们接触这个世界最重要的方式。当美国总统选举辩论第一次由广播转为电视直播时,尼克松显然没有肯尼迪那样泰然自若,他在电视画面上的紧张出卖了他,形象上更出彩的肯尼迪赢得了美国第35任总统的宝座。之后有人曾戏谑地说道,如果是广播直播,而不是电视直播,获得胜利的可能会是尼克松,因为尼克松的声音更加铿锵有力,也更擅于雄辩。但是,这次总统选举之争显然不是什么孰优孰劣的争论,也不是说尼克松在才干上不如肯尼迪。或许更值得我们注意的是,两位总统候选人分别属于不同的世代,有着动听声音的尼克松属于广播世代,而更注重个人形象、举止谈吐雍容高贵的肯尼迪则属于当时新生的电视世代。不同的存在方式决定了他们的胜败。

我们也可以这样来看待今天的电子游戏问题。在电子游戏诞生之初,如1980年问世的《吃豆人》游戏,在一定程度上必须依赖于电视媒介,那个时代的电子游戏仍然属于电视媒介的衍生品。今天的一些游戏主机，如 Play Station4、Xbox One 也都仍然需要插接电视才能使用，但更多的游戏出现在电脑、平板设备、手机之上，我们以后甚至可能会看到完全不依赖于其他媒介的电子游戏专用设备，电影《头号玩家》中的那种 VR（Virtual Reality，虚拟现实）游戏眼镜，实际上就是不远的将来电子游戏终端设备的一种形式。

但是对于电子游戏来说，真正的问题不在于它依附于什么样的媒介，而在于它是一种全新的体验方式。即便在《吃豆人》的时代，在观众的看和影像的被看之间也有一道无法跨越的鸿沟，即使有贞子那样的名义上可以爬出电视的存在，贞子爬出的仍然是电影中的电视，她不可能真的从电影屏幕中爬到观众席上来。而电子游戏，如早期的《吃豆人》《小蜜蜂》《打砖块》等就已经打破了这个鸿沟，电视屏幕前的观众早就不是只能被动接受电视画面的看客，而是玩家（player），电视屏幕上呈现出来的表象与他们的活动直接相关。当他们操纵着方向键时，黄色的大圆脸躲避着"章鱼"的围堵，吃下用像素描绘出来的豆子，当吃完屏幕上最后一颗豆子时，屏幕前的玩家与那个大黄脸有着同样的兴奋，Clear（通关）！

电子游戏世代的存在不能简单地用他们使用什么媒介玩

游戏来评价。电子游戏是一种跨媒介的实体，一些游戏（如《使命召唤》）既有主机版也有PC版，但是我们显然不能说，主机版和PC版是两个不同的游戏，因为除了操纵方式以及显像媒介不同之外，玩家在游戏中的经历具有高度的一致性。

游戏就是游戏本身，电子游戏的存在方式从一开始就不是以纯粹物理实在的方式向我们显现出来的，无论是20世纪80年代的《超级玛丽》《魂斗罗》，还是今天的《英雄联盟》《我的世界》《上古卷轴》等，它们将自己更多地呈现为一种虚拟的实在。也就是说，我们是在另一个世界里与电子游戏的NPC（Non-Player Character，一种角色类型，指游戏中不受玩家操纵的游戏角色）和其他玩家发生的关系，这构成了一个看起来与我们生活的现实世界平行的虚拟空间，而电子游戏的存在方式依赖于这个全新的虚拟空间。

于是，我们可以在今天的电子游戏世代的基础上来重新界定游戏哲学。

谈到游戏，更多人愿意回溯到谈论游戏问题的哲学家那里，如写过《审美教育书简》的弗里德里希·席勒（Friedrich Schiller），以及专门谈过《游戏的人》的约翰·赫伊津哈（Johan Huizinga），甚至提出"语言游戏"说的路德维希·维特根斯坦（Ludwig Wittgenstein）。当然，将电子游戏的存在哲学的根基指向这些历史上的基础是一种合理的思路，因为人们不愿意认为一种新的哲学是无源之水、无本之木。

不过，无论是席勒还是赫伊津哈，他们都是从审美和高尚的趣味来谈游戏的。在他们看来，游戏代表着对庸庸碌碌的生活和工作的超越，也代表着人可以摆脱平庸的状态，走向通往真正的理性和自由之路。席勒和赫伊津哈都带着一种古典观念论的色彩来审视游戏中的人，将游戏的人看成人的真正自由状态。然而问题在于，我们今天接触到的电子游戏与席勒和赫伊津哈所说的游戏完全是两个不同层面上的问题。如果我们把席勒和赫伊津哈讨论的"游戏的人"看成是资本主义社会为数不多的精英阶层的闲暇时光中的游戏存在，那么今天的电子游戏俨然已经成为跨越各种等级的普遍化的存在方式，这种电子游戏显然不具有席勒和赫伊津哈等人赋予的自由和超越现实庸俗生活的维度。

对这个问题更有发言权的是法国哲学家吉尔·德勒兹（Gilles Deleuze）。德勒兹在他的著作《电影2：时间-影像》中提到电影哲学的来临。德勒兹的想法是，电影的产生已经让之前的一些概念无法面对电影这个新生事物，因此，如果我们真的要理解电影，就需要去发明新的概念。如此，我们才不至于将新事物和新生活方式还原到无聊的、已经变成历史遗迹的概念之中。而这也是德勒兹坚持用"运动-影像"和"时间-影像"这样的新概念来谈电影的原因吧！

今天我们遇到的问题与德勒兹遇到的是一致的，因为电子游戏的存在哲学，已经不能还原为历史上任何一种哲学，即便是席勒、赫伊津哈、维特根斯坦的哲学。对于电子游戏世代的存在哲学，只能从电子游戏的内在体验中去寻找，那些从来没有过电子游戏经历的人，很难对电子游戏世代的存在哲学有发言权，这是属于电子游戏世代自己的哲学，他们的存在只能用他们自己的概念来定义。

和德勒兹一样，意大利哲学家吉奥乔·阿甘本（Giorgio Agamben）曾经写过谈影像的著作，他为这本书起名为《宁芙》。宁芙是从古希腊就开始流传的神话形象，它们并不是人，而是一种水妖，绝色动人，拥有华丽的外表和优美的歌喉，它们经常以半裸的形态从水里浮现，让路人驻足。当在它们妖艳的外表下和动人的歌声中失去心智，一步一步地走向它们时，路人就会被它们作为猎物捕获、吞噬掉。在赫西俄德（Hesiod）的《神谱》中，宁芙就是以低于人的形象出现的。而在《奥德赛》中，那些用优美的歌声将尤利西斯船上的水手们诱惑跳下水的塞壬也是宁芙。

不过，阿甘本所关心的关于宁芙更确切的描述来自中世纪瑞士的炼金术师帕拉塞尔苏斯。帕拉塞尔苏斯秉承了古希腊传统的四元素（水、气、土、火）说，将世间万物视为四种元素的组合，各种精灵和妖魔当然也与这四种元素相对应。帕拉塞尔苏斯的著作《论宁芙、希尔芙、地精、火怪和其他精灵》十分明确地将宁芙看成水元素的精灵，不过，在强调宁芙是由水元素组成的之外，更有趣的是帕拉塞尔苏斯下面这段话："可以从许多推论中证明，虽然它们并不永生，但它们可以与人结合，然后便得到永生，即像人一样被赋予了魂。上帝把它们创造得如此像人，然而上帝给它们加上了一个限制，只有当它们与人结合在一起的时候，它们才能具有魂魄。"这是非常值得寻味的一段话。宁芙十分美丽，也十分像人，但它们没有魂魄，没有魂魄也就没有属于它们自己的意识和自由。为了得到魂魄，宁芙必须与人结合，无论是将人吞噬掉，还是与人媾和。帕拉塞尔苏斯的这段话，进一步解释了古希腊神话中的塞壬或宁芙为什么需要用动听的歌声和魅惑的身体来诱惑路人，因为只有与人结合，它们才能拥有魂魄。

的确，宁芙是一个很好的隐喻。尤其在面对今天的电子游戏世代时，宁芙成了我们打开理解电子游戏的存在哲学的一把关键钥匙。宁芙没有魂魄，它们只有躯体，它们用独特的魅惑来吸引人的进入，一旦有人与它们结合，原先那个没有魂魄的身体便有了灵魂，在它们的世界里可以自由地驰骋。

这不就是电子游戏中角色的形象吗？任何拥有过电子游戏经验的人都不难理解，如果我们的手没有放在操纵杆、键盘或者触屏上，屏幕上的那个角色就是一动不动的。一个没有魂魄的角色，但它又时时刻刻诱惑着我们进入，在玩《王者荣耀》的时候，一旦为我的英雄配上了新的极品装备，很难不心里痒痒地开局去刷一把，这就是宁芙式的诱惑。但游戏角色无论配上了什么样的装备，如果没有玩家的进入，它就没有魂魄，一个在《王者荣耀》中配上了急速战靴和无尽战刃的黄忠，如果仅仅在战场画面之外，也只是一个空有形体的角色而已，只有当玩家进入之后，黄忠才能从一个角色变成对战中的英雄。这种情况不是在当下的网络游戏中才出现的状况，在早期的《魂斗罗》《三国志2》《名将》等游戏中，只要玩家没有触动游戏杆，屏幕上的人物就是一个没有灵魂的角色，而玩家的进入，让没有灵魂的角色具有了魂魄。

让我们在这里做一个有趣的思考：当我们在玩游戏的时候，那个游戏角色究竟是什么？它是纯粹的电子虚拟角色吗？

显然不是，没有我们的进入，没有我们赋予它们灵魂，这个角色就是死的，在《街头霸王2》中，我们即使选择了最强的角色 Vega，如果没有有力的操纵，也会轻而易举地被对方秒杀。

　　那么，进入游戏的是我们自己吗？显然也不能得出这样的结论，因为尽管我们激活了角色，但角色的任何行为与现实中的"我"仍具有一定差距，游戏中"我"的行为和活动显然不能归为自我意识的一部分，在"我"和"我"操纵的游戏角色之间，仍然存在着不可忽视的差距。游戏中角色的存在方式既不是纯粹的对象（电脑屏幕上一个与"我"无关的角色，如同电视剧中的人物角色一样），也不是纯粹的主体（即便在玩游戏的时候，"我"也能清晰地分辨出游戏角色和"我"之间的差别，不会将一个正在战场上屠戮敌人的角色等同于"我"自己）。

　　游戏角色只可能是第三种情况，一种宁芙式的激活。宁芙提供了身体，而玩家激活了宁芙的灵魂。在这个意义上，游戏角色是电子或数字的形象与人的媾和，在这种媾和中诞生了一种既不同于纯粹客观化的角色（如游戏中的 NPC 或电视电影中的人物），也不同于主体自身的第三种存在物，我们可以称之为宁芙式存在。

如果我们将电子游戏形成的宁芙式存在看成电子游戏的存在哲学的基础，那么可以得出以下几个结论：

第一，电子游戏的存在根基在于这种宁芙式存在。具体来说，一方面，电子游戏的存在并不取决于屏幕和媒介，因为屏幕和媒介无法将电子游戏的存在与电视、电影区别开来。电子游戏是指向屏幕之外的，它实现了一个超越界面的结合。另一方面，电子游戏也不能被简单理解为主体式的参与，仿佛与孩童们的身体式参与的游戏没有差别。电子游戏虽然也需要我们的身体，但仅仅表现为手部的操作（当然还有体感类游戏，但总体上体感游戏并没有打破电子游戏中的宁芙式存在），而在电子游戏中更为重要的是在屏幕中央正在跑跑跳跳的角色，游戏画面中的角色提供了身体，而我们为这个身体注入了灵魂，那个角色就是作为宁芙的虚拟身体和人媾和的产物。在这个意义上，我们可以说，电子游戏所面对的最基本的实体是一种第三存在，即宁芙式存在。

第二，作为电子游戏的基本要素，宁芙式存在构成了电子游戏的存在哲学的基础。那么，我们进一步可以得出：只要存在电子游戏，就会存在宁芙式存在（游戏身体和人的灵魂的结合物）。在一些动作类、射击类、赛车类、角色扮演类游戏中，这个结论并不难理解，我们操纵的人物或装置，就是以玩家所激活的虚拟身体在屏幕中运动着的。但是，还有一些类型的游戏，如战略模拟类游戏、经营类游戏、消除类游戏，我们看不到一个明确的游戏人物，但这种宁芙式存在仍然是存在着的。

以光荣公司著名的《三国志》系列游戏为例，里面体现为宁芙式存在的不是具体的哪一个人，如刘备、曹操、孙权等等，而是一个国家，对于这个国家，你需要发展内政、增强国力、延揽人才、厉兵秣马、远交近攻，甚至直接发动扩张战争，从而达到统一天下的目的。而经营类的体育游戏，如《冠军足球经理》中所体现的这种宁芙式存在是一支球队，为了夺取更多的冠军，需要修葺球场、购买球员、排练阵型，最终在赛季的联赛和各项杯赛中夺冠。无论如何，作为电子游戏的存在，最基本的单元就是这种超越于纯粹数字对象和主体参与的第三存在物，即数字身体与人的灵魂组合而成的宁芙式存在，这种宁芙式存在可以是在屏幕上具象化的个体，也可以是非具象化的抽象目标的存在。

第三，宁芙式存在的组成不能简单地看成是我们的意志直接在数字对象上的体现，即数字身体和我们的意志的简单相加。事实上，宁芙式存在要比这种状况复杂得多。当我们在电子游戏的世界里以宁芙式存在道成肉身时，我们可能会发现，我们的意志并不能像在现实世界中那样随心所欲地控制这个数字化的"身体"。

举个简单的例子，在早期的电子游戏《超级玛丽》中，那个来回蹦蹦跳跳的水管工是否就是我们的意志控制的产物，就如同我们控制自己的身体一样？我们经常会有这样的体验：操纵他跳跃一个沟壑，但是不幸掉到沟底；越过一个火把障碍时，很有可能不经意间被火把烧到，从而Game Over（游戏结束）。即便在今天的游戏操纵中，也没有那么灵活便利，在《刺客信条》这款游戏中经常有竞速赛跑，在竞速的过程中，我们会明显感觉到这个数字化的身体在抵抗着我们的意识的控制。尽管我们可以依照自己的意志使之运动，但是这个数字化的身体总是会以某种方式抵抗着我们的操纵。在电子游戏中，我们不是将自己的意志直接上传到游戏世界的角色中，而是它生成了一个不同的生命状态，一个既不同于NPC，也不同于我们的意志直接体现的状态，我们可以将这种生命理解为"拟生命"。

由此可见，对电子游戏的存在哲学的理解，并不在于理解我们今天究竟在用什么样的媒介来玩游戏，而是应关注在电子游戏界面上生成的拟生命。正如电影《头号玩家》的主角与其说是那个在贫民窟与姐姐生活在一起的韦德·沃兹，不如说是那个已经被宁芙化的拟生命——帕西法尔，因为在暴力赛车、闪灵和奇幻冒险中获得巨大荣耀的正是绿洲世界中的帕西法尔。

电子游戏世界中的宁芙式拟生命存在给哲学提出了一个十分重要的问题：即拟生命和作为玩家的主体之间的关系是什么？

为了解释这个问题，我们得回到哲学中的一个经典的问题，即美国哲学家希拉里·普特南（Hilary Putnam）在1981年的《理性、真理与历史》中提出的"缸中之脑"。假设你有一天早上醒来，发现一条信息，有人告诉你，他们劫持了你的大脑。你在镜子面前一看，你的大脑的确没有了，取而代之的是许多电子设备，连接着许多数据线。打开你的电脑，你收到一份邮件，邮件里的一个录像显示，你的大脑被放在一个水缸里，而大脑也连接着许多不同的数据线。显然，你的大脑与你的身体被隔离开了，但是一个问题出现了，在以往的哲学中，"我"的存在被等同于"我"的意识存在，而"我"的意识又依赖于"我"的大脑，一旦"我"的大脑不在"我"的身体里，而是在一个水缸里，那么"我"还是"我"吗？

对于普特南的问题，我们可以反过来思考电子游戏世界中的拟生命的问题。这个具有数字化身体的家伙，尽管受着"我"的意志操纵，但它是否也是"我"，或者是另外一个"我"？普特南的"缸中之脑"问题是：我的大脑在他处，那么现在在这里的没有大脑的身体是否还是"我"？而电子游戏中的拟生命的问题在于："我"的大脑显然被隔离在屏幕外面，那个受"我"操纵的对象，一个没有"我"的生理大脑的数字躯体，是否也是一个"我"？对这个问题的一种极端回应可能是："缸中之脑"和无大脑的身体是一个"我"，它们只是被分开了，但都是"我"。在人工智能技术发展的同时，也有一种倾向认为，在我们的大脑神经元中存储的记忆是可以被数据化的，我们可以像备份手机中的信息和数据一样，将大脑中存储的东西备份出来，然后再传输到另一个人造身体上。这样人本身就可以被复制出来，"我"在这个意义上就可以变成复数的"我"。

在中国推理小说家江离的作品《恋爱反身》中就有一个这样的人，他每天可以将自己大脑的数据备份传输到另一个身体中去，然后通过这种意识数据瞬间转移到另一个地方。小说中的女主角沙优就是利用这种方式来打工的，她自己原本的身体在东京，但她每天将自己的大脑数据传输到北海道。在北海道的一个餐厅里打工，晚上再将自己的大脑数据传回到东京的身体里。不断复制数据的沙优从来没有将北海道和东京的两个不同的身体视为两个人，她同时将两个身体都视为"我"的身体。因此，这种可以用大脑数据上传的方式实现的统一性，是一种经典的身心统一的哲学的产物，尤其是将人类自我的统一建立在心灵基础上，沙优无数次的大脑数据上传，并不会影响到她的人格统一性。

但这种统一性能适用于电子游戏吗？问题不仅仅在于我们无法完全掌控游戏角色在电子游戏世界中的行动上，更重要的是，游戏角色或宁芙式拟生命的构成，不是以大脑数据上传为基础的。我们在电子游戏中的历险，并没有彻底将我们头脑中的数据转移到角色上，游戏中的角色也不会被我们完全等同为"我"。这样，拟生命的角色与我们之间产生了一种特殊的关系：游戏角色或拟生命绝不是我们的意识在游戏世界中的映射，同时游戏角色的经历很难成为我们现实存在的一部分。我们看到了一种平行世界的可能性，在现实世界的存在中，我们以自己的生理身体持存着，而在游戏世界中，那个宁芙式的存在、数字化的身体成为我们探索游戏世界的一部分。

于是我们看到，莫里斯·梅洛-庞蒂（Maurice Merleau-Ponty）、米歇尔·亨利（Michel Henry）等人倡导的以我们的身体来锚定现实世界的生存哲学分裂了，我们必须面对另一种构成我们存在的可能性，即我们形成了多重化的数字化身体（我们不止在一个游戏中驰骋），原来作为单数的身体存在被电子游戏世界改造成了多重的、复数的数字化身体存在。

和现实世界的身体一样，电子游戏中的拟生命也在自己的展开中生成，它们的存在就是在电子世界中生命经历的展开。那么，生命在游戏世界中实际上同样具有意义，如在RPG（Role-playing game，角色扮演游戏）中刷怪、增长经验值、打装备、分配能力点数实际上就是电子游戏的拟生命的履历，不同的选择也构成了不同的生命样态，这种生成方式与现实中的生命生成并没有什么不同。所以可以得出结论，所谓的电子游戏的拟生命，就是在电子游戏构成的特殊世界中的生命的生成，这种生命的生成与现实中的生命生成是平行的。

不过，随着电子游戏从单机游戏发展到联网游戏，情形变得更为复杂了。单机游戏中的交往是基于游戏主角与NPC之间的交往，模式比较固定，支线选择比较有限。但是在联网游戏中，与拟生命交往的不仅仅是固定的NPC人物，还有其他玩家操纵的角色，这些角色之间的交往也能形成一定的社会关系。不过，这种游戏世界中的社会关系与它所在的平台有密切关系。在多数情况下,在游戏中密切合作的人,在现实世界中可能即便擦肩而过,彼此也并不相识。所以,电子游戏中的拟生命尽管可能与现实世界有交集,但是它们各自的生成是依赖于不同界面的,而拟生命的存在之所以成立,也正是因为它依赖于一个与现实世界平行的游戏界面。

在这里,我们遇到了电子游戏的存在哲学中最重要的内容:玩家和游戏的拟生命之间的辩证法。我们并不是将玩家和拟生命之间看成简单的主奴关系,即玩家掌控着对游戏拟生命的绝对控制权,而游戏角色是作为玩家意志的绝对实施者出现的。在今天的电子游戏中,我们往往会看到不一样的状况。

例如在《王者荣耀》中,与操纵角色参加对战比起来,玩家操纵的英雄的培育更为重要。英雄需要装备、需要技能、需要经验值,这些需要一点点地在游戏世界的履历中被培养出来。有趣的是,很多游戏玩家的目的或许并不在于一场战役的胜利,他们更重视游戏角色的发展。在 2001 年推出的联网游戏《传奇》中,甚至有人不惜血本,用现实中的重金去购买其他玩家打出来的顶级装备。同样,为了升级刷怪,一些玩家在电脑前甚至可以连熬七天七夜。由此,玩家与游戏人物之间的关系被颠倒过来，表面上是玩家操纵着游戏人物，实际上游戏人物的生命似乎已经掌握了主动权，屏幕前的玩家似乎更多地依赖于游戏人物的节奏来运作。一些游戏设置的每天签到和固定时间的刷副本活动，在一定程度上已在支配着玩家的生命节奏。这是一个被倒置的提线木偶，成为傀儡的不是屏幕中的那个拟生命，而是屏幕前的玩家。

电子游戏的辩证法不仅是游戏中的拟生命与玩家之间的辩证法，也是电子游戏世界与现实世界的辩证法。随着越来越多的人具有了游戏中的体验，他们在游戏中形成的世界观、人生观、价值观反过来会作用于现实世界。这并不是说，现实世界已经被改造成游戏，但是我们用以面对现实世界的基本观念和态度已经被游戏世界的经验重塑。这也是在今天的电子游戏世代那里，不是游戏越来越像世界，而是世界越来越像游戏的原因。

游戏本身就是一种存在，电子游戏世代的人们已经无法简单地将游戏中的生命体验与现实世界截然分开，因为不同游戏的经验和现实社会中的生存体验是彼此缠绕在一起、难分彼此的。这就是电子游戏世代的存在哲学最基本的内容，作为生命体验的电子游戏、作为拟生命角色的存在与我们现实中的生命已经构成了新的辩证法，我们在多重的宁芙式的拟生命框架下重塑着自己在世存在的经验。正如哈姆雷特所说：时代已经天翻地覆！我们的生命也随着宁芙式的生命而不断地悸动着。

—— 注　释 ——

[1] 编者注：Luddities, 用以描述工业化、自动化、数位化或新技术的抵制者。

未来考古学

徐 坚（上海大学历史系）

每隔一段时间，便会出现的一个热门话题是：人工智能将给职业市场带来什么样的变化。很多如日中天的行业前景黯淡、岌岌可危，令处在社会边缘的考古学家大大地松了一口气的是，考古工作者被认为是最难被人工智能替代的职业之一。立竿见影，今年高考前预测的中学生最青睐的专业排行榜上就看到了考古学的身影。不过，有人隐隐担心，考古看起来像是一种资源依赖性活动，就像捕鱼或者采矿一样，会不会有一天资源耗尽而无以为继？会不会有一天，考古学家无古可考？

世界上只有一个图坦卡蒙，也只有一个万历皇帝——当霍华德·卡特（Howard Carter）于 1922 年打开图坦卡蒙王陵，当定陵于 1956 年被发掘，无论当时的发掘多么令人抱憾，都没有任何考古学家有机会重新发掘了。这些极端的想法说的并不是同一件事，但考古、考古学和考古学家的确有关系。不过，对于未来是否有古可考，我一点都不担心。

首先，考古不等于挖墓。墓葬并不是考古学家研究的材料的全部，准确地说，只是极少的一部分。尽管发掘墓葬，尤其是历史上赫赫有名的人物的墓葬，可能激起巨大的社会回响，但是，大部分考古学家从日常处理到终身研究的都不是墓葬。

考古学研究人类遗留的物质材料，其中绝大部分是大众的、群体性的物品。和特意埋藏相比，随意遗弃物——垃圾才是考古学材料的主力。作为 20 世纪世界最著名的科学实验之一，亚利桑那大学的考古学家威廉·拉什杰（William Rathje）就在图森市的一个个街区里对扔弃垃圾的居民及其行为进行跟踪、访问和统计，以此理解早已消失的人们的行为和认知。拉什杰提出，考古学应该主要就是垃圾学（garbology）。

其次，考古材料的范畴是不断扩展的。20世纪50年代，在工业革命的策源地，英国学者目睹了曾经代表工业革命的光荣的物件、机器、建筑迅速地从生活之中消失，这本是他们最擅长保存和研究的，但传统陋见一度束缚了他们的手脚。60年代在尤斯顿车站（Euston Railway Station）的翻修过程中，曾经矗立在车站门前的尤斯顿门被拆除。这起事件曾引起社会轩然大波，其直接结果是工业考古学（industrial archaeology）应声而出。

当下的中国考古学家正在目睹各种20世纪遗产的迅速消失，也在陈旧的学科边界内苦苦挣扎，也许很快我们就能听到这片土地上工业考古学的啼声。考古材料不仅会沿着时间轴线纵向增长，还会沿着空间轴线水平扩展。这多半是拜同时代的其他学科、学者所赐。随着骨骼分析、孢粉分析、植硅石分析、同位素分析等手段融入考古学中，考古材料出现了环境遗存的类别。所以，考古材料不会枯竭。

但是，材料并不足以界定学科，未来还有考古材料，但一定有考古学吗？1922年11月4日，蹲在打开的图坦卡蒙陵墓石室门口，卡特过了很久才说，"我看到了很多东西"。这句话表明，卡特是探险家，却不是考古学家。"考古学不是看见，而是发现"，或者说，考古学不是行为意义上的发现，而是智识意义上的发现。它需要以考古资料为跳板，提出对人和人类社会的洞见。

考古学的根本特征是什么？"古"并不是考古学的必要条件，相反，它的独特性是物质性，因此，考古学就是物质文化研究。考古学并没有背上年代枷锁，它既是历史学，又是人类学。相对于在人类学中与体质人类学、社会人类学和语言学旗鼓相当的地位，考古学尤其应该警惕，在历史学中，它不应该沦为文献历史的注脚。无论是"物"还是"文"，都是讲故事的素材。

1983年，在广州城北象岗，考古学家发现了一座巨大的石室墓葬。根据棺内金印，墓葬主人被推定为南越国第二代君主。然而，这座墓葬并不能证明或者补充《史记·南越列传》，相反，文献和考古分别讲述了不同的故事，文献记录了中央和北方俯视视角下的岭南政权，而南越王墓则是南方蛮夷对自身传统和与汉王朝的法统及伦理关系的表达。考古学和文献史学如同一首乐曲中的不同声部，强行插入甚至替代只会导致跑调。

考古学不仅有独特的材料，也有独特的尺度。1850年前后，以汤姆森（Christian Thomsen）的"三期说"为中心，独特的考古学编年体系的建立被视为学科独立的标志。青铜时代和铁器时代几乎覆盖了所有雄才大略的君主和英雄人物的时代，而在这些时代之前，考古学独立贡献了构成人类历史中99%的段落的石器时代。"三期说"建立在器物的形态风格变迁上，暗示了群体视角和底层视角。所以，物质主题、长时段年代框架、群体视角界定了作为学科的考古学，使考古学尤其擅长于展示人类的大历史（big history）；同时，物质性和基层性特征又能揭示出人们习而不察的侧面或复杂多变的深处，使它也善于展示人类的深历史（deep history）。

然而，即使考古学的确是一种学术追求，也不必然保证未来一定还有作为专业的考古学及其从业者考古学家。未来还有考古学家吗？这实际上是在问，未来还需要考古学吗？未来的考古学家如何满足社会的需要？一种回头看和向外看的学问能怎样帮助我们向前走？的确，考古学不能预测未来，但是有助于理解未来。

一方面，考古学提供一种超越一代、数代人，甚至数个王朝的宏大视野。另一方面，正是在对潮流的深层观察中，考古学家注意到，任何时空的潮流都不是单调的，每个关口的选择都是多元的，只是不合时宜的潮流、未被青睐的选项都只留下微弱的声音，而且常常采用文献书写之外的方式。

所以，考古学有助于理解过去曾经面临的可能和抉择。从这个角度上看，考古学实际上是过去的未来学。

只有做到这些，我们才能确信，未来有确凿的考古活动，有自成体系的考古学科，还有具备社会责任感的考古学家。

未来的考古学家会从我们继承、改造和遗留的物质中读出什么？虽然我们无法预料未来的考古学家采用的具体技术手段和得到的具体发现，但是，我们知晓他们的技艺，也就是理论和方法，因为这是让考古学成为考古学、让我们和未来的考古学家不至于陌生的根本原因。让我们展望未来的考古学是如何沿着推理阶梯一步一步揭开当下时代的面纱的吧！

首先是生计考古学（subsistence archaeology）。生计考古学是关于古人如何从环境之中获得食物和其他资源的考古学。最初，生计考古学关注狩猎-采集社会，后来扩展到其他更晚、更成熟的社会类型。简而言之，这是关于温饱的考古学。未来的考古学家可以从骨骼、工具到空间的很多层面知晓过去。直到20世纪末期之前不久，人类一直生活在饥馑的恐慌之中，然而饥馑的记忆却迅速消失了。从骨骼测量上看，在统计学意义上，人类的平均身高稳定增长，平均寿命不断提升。骨骼附着的组织分析显示，人体肌肉越来越少，脂肪含量越来越高。病理组合也在发生变化，营养不良逐渐消失，肥胖成为现代病症的主要因素。在今天的世界里，有十分之三的人口面临肥胖或者超重问题，但也有十分之一的人口在挨饿。骨骼稳定同位素分析是通过摄入食物的分析判断人的归属的方法，在未来考古学家看来，这种方法很可能是无效的，因为当下这个时代的食物已经充分全球化了，可口可乐已经覆盖到世界的每个角落。

从工具上看，从旧石器时代开始，各种觅食工具曾经是每个人或者每家每户不可或缺的器具组合，甚至晚到 20 世纪，即使在城市家庭的生活空间里，仍然可以见到农具和各种加工工具。但到了 20 世纪末，它们就在很多人的物质组合中消失了。在空间和建筑上，在最早、最小的采集-狩猎者营地里，我们可以发现形态特殊的建筑——粮仓，这是生计策略上的后勤设施。从最简单的环壕聚落中的粮仓，到历史上长安、洛阳城内城外的国家粮仓，到 20 世纪中国的国家储备粮仓和国营粮店，脉络清晰。但是到 20 世纪末，在未来考古学眼中，这个系统溶解在了社会体系之中。虽然生活在当下的我们也会对"西瓜自由"和"猪肉自由"忧心忡忡，但是生计考古学已经给出一个更乐观的答案。

走出个人，我们走向家庭。家户考古学（household

archaeology）以家户为单位，通过研究其建筑、物质、社会经济结构，计算一个家庭的物质和空间，从一个社会细胞里观察社会。

我曾经在半地穴房屋里观察古人遗留的器具组合，也曾在汉代墓葬里观看想象中的美好生活的形状；我也曾经记录在大理洱海中的一个岛屿上，家户的物质组成及历史变迁。观察20世纪的家户时，未来的考古学家会注意到一笔有趣的资料。20世纪末，不少摄影师都先后拍摄过不同的家户物质组合照。考古学分析告诉我们，样本有偏差，物质占有更多的人有出镜顾虑，即使拍摄者天然具有多元关怀和草根情结，结果仍然鲜明。家户物质组合数量显著增长，物各有其用，功能指向性越来越强，谱系越来越复杂。但是，我们也注意到，天南海北的差异在缩小，个性化制品和在地适应性产品在减少，制式产品成为主流，这是强大的社会生产和商业机制在发挥作用。同质化现象令人隐隐担忧。

走出家户，我们便到达聚落。从三五家户的荒村到大都市，甚至以河流串联或以山地为屏障自成系统的，都是聚落。聚落考古学（settlement archaeology）以完整地揭示聚落的文化机制为目标。未来的考古学家可能发现，当下最大的变化是小型聚落数量锐减、功能衰竭，人口显著地流向大型甚至超大型聚落。

　　大型聚落，容纳上千万人口的超大聚落是20世纪的一大独特景观。大都会有大都会的难处，"逃离北上广"不是这个时代特有的，很早就有人慨叹过"长安居，大不易"，但是20世纪的大都会借助种种技术手段容纳下更多的人，更多的人不愿逃离，甚至不想逃离。未来的考古学家会认为，历史上的聚落从来没有如同20世纪的大都会那么大、那么厚。1863年，伦敦大都会地铁开通，依靠蒸汽动力的地铁当年就提供了950万人次的运力。1885年，在钢铁工业的帮助下，美国芝加哥建成高达42米，共10层的家庭保险大厦，城市的天际线从此改变。但是，从聚落的机理看，未来的考古学家也一定会觉得当下的大多数聚落非常乏味无趣，因为它们曾经拥有的特色在迅速消失，地方志上津津乐道的"八景""十六景"等自然和人文景观在统一化过程中荡然无存。我的故乡曾经是个城内有坡、有坎、有池、有台的地方，如今也和所有城市一样，成为"一张平摊的大饼"。

　　擅长利用历史长时段概念的未来考古学家在从生计到家户再到聚落的考古学中会迅速总结出，这个时代的最大特征是全球化。而且，20世纪并不是一个孤立的故事，而是一个更大的连续潮流的片段，起步于15世纪的地理大发现，至 18 世纪的工业革命，再到当下，随着更多的地区被纳入世界体系，文化多样性也在迅速消失。

考古学家习惯利用同样形态器物的广泛分布来侦测政治和文化格局，器物的广泛分布和同步变化被当成关键指标。这就是帮助我们认识从龙山到商周的强大的国家政权的依据。而这个现象，在 20 世纪几乎随处可见，在看起来与世隔绝的非洲部落里，也可以见到可口可乐的汽水箱。

正是由于地球在"变小"、时间在"变短"，无论是人与自然的问题，还是人与人的问题，在 15 世纪之后都会放大成为整体性和全球性问题，导致问题看起来迫在眉睫和不堪忍受。未来的考古学家会悲悯这个时代的人们，因为在过去的孤立时代，人们可以用脚投票，以迁移的方式暂时解决问题，但在最近数百年，这种可能性越来越小。

让我们回到垃圾问题，从过去社会到乃至现代城市，垃圾移除活动是决定一个聚落可以有效维系时间的关键要素之一。太平洋上的"垃圾共和国"只是困扰了人类上万年的问题的积累和放大而已。

人类社会也是这样。虽然城市革命宣告了人类社会不平等的历史主题，但是人与人之间的差异、妥协和冲突早已存在于最早的采集-狩猎经济里。在当下的历史阶段，人与人之间交流和沟通、和平和战争的空间与时间尺度都在增长，至20世纪达到空前状况。20世纪上半叶接连爆发了两次世界大战，死亡总人口接近1亿。

这令考古学家深思，出现了以集团内和集团间的战争为主题的争端考古学（conflict archaeology），全方位地反思战争创伤，以及避免如此沉重代价的可能性。在第一次世界大战的西线战场上，英法和德奥在伊普尔（Ypres）战场旷日持久地对峙拉锯，就在这里，有超过60万人死亡，其中45万人长眠于此地。争端考古学不仅仅涉及战争本身，也关心战争的副产品——占领区的文化以及战争中的平民。就在伊普尔战场上，一度活跃着来自山东的数千中国劳工，我们也计划在此发掘中国劳工营，理解欧战带给遥远的中国的影响。

社会争端不一定都会用如此强烈而有破坏性的方式解决。全球化和同质化会掩盖多种利益和声音，尤其是那些逆潮流而动的人物和集体。未来的考古学家一定会和我们一样善意地理解历史大势下的抗争者，理解任何历史关口的其他可能性。抵抗考古学（resistance archaeology）就表达了对受压制群体的温情。

在19世纪西弗吉尼亚哈勃港的啤酒厂里，考古学家沙克尔（Michael Shackel）发现了上百个藏匿的啤酒瓶，显然，这是流水线上的工人在偷偷享受自身的劳动成果，以这种方式抵制和对抗资本家的剥削。不过，偷饮啤酒造成事故频发，资本主义系统利用制度化解了对抗。未来的考古学家一定会惊讶地发现在 21 世纪初的中国有种被称为"共享单车坟场"的遗迹，上万辆自行车在几乎没怎么被使用的情况下堆积报废。共享单车是以集体的形式对资本控制下的路权和生活便利权的抗争，但是资本的大量涌入，造成了二度入侵和污染——资本悄悄地借助草根社会的狂欢和失控，瓦解了抗争。

　　未来的考古学家，从他们接受专业训练开始，就一定会熟悉一个术语——革命。这是英国马克思主义考古学家柴尔德（Golden Childe）接受了马克思主义之后，在 1936 年《欧洲文明的曙光》第三版中提出的。考古学"革命"指泛社会性范式变化，简单来说，就是从生产、生活、社会组织到意识形态的全盘改变。柴尔德认为，人类历史上曾有三次这样的转折，分别是 1.2 万至 1 万年前从旧石器时代到新石器时代的农业革命，5 000 至 4 000 年前从新石器时代到青铜时代的城市革命，以及最为晚近的 18 世纪的工业革命。刚才我们已经提到，15 世纪的地理大发现按下了工业革命的启动按钮，从此之后的历史环环相扣、一气呵成。所以，未来的考古学家一定会赞同，我们当下就生活在 15 世纪以来的全球化范式之中。

在考古学家的长时段视野下，连续性和断裂性一样清晰。未来的考古学家和我们一样，可以清晰地指出，起于 200 万年前的技术连续性，起于 20 万年前的基因连续性，起于 1 万年前的经济连续性，起于 5 000 年前的社会结构连续性，以及起于 600 年前的思维和意识形态连续性。我们当下遭遇的问题其实都或长或短地和我们共存了一段时间，绝不是突然出现，也不是骤然恶化，我们的应对体系虽然需要调整，却还是运转有效的。并没有任何迹象表明，我们已经走到下一个考古学意义上的革命的关口。